土木工程专业卓越工程师教育培养计划系列教材

施工组织

穆静波　编著

清华大学出版社

北京

内 容 简 介

本书依据应用型人才培养目标和土木工程专业规范要求,以及施工组织设计和网络计划方面的新规范、新标准,全面系统地阐述土木工程施工组织的理论和方法,并辅以案例,注重读者应用能力的培养。

在内容的编排上,突出综合性和实用性。全书共分 7 章,包括施工组织概论、流水施工方法、网络计划技术、单位工程施工组织设计、施工组织总设计课程实训及求职面试典型问题应对等。

本书内容简明扼要、知识点清晰实用,既可作为土木工程专业教材或岗位培训教材,也可供相关工程技术、管理人员参考。

版权所有,侵权必究。举报:010-62782989,beiqinquan@tup.tsinghua.edu.cn。

图书在版编目(CIP)数据

施工组织/穆静波编著.—北京:清华大学出版社,2013.3(2021.12重印)
(土木工程专业卓越工程师教育培养计划系列教材)
ISBN 978-7-302-31166-9

Ⅰ.①施… Ⅱ.①穆… Ⅲ.①施工组织-高等学校-教材 Ⅳ.①TU721

中国版本图书馆 CIP 数据核字(2012)第 317527 号

责任编辑:张占奎 赵从棉
封面设计:陈国熙
责任校对:赵丽敏
责任印制:宋 林

出版发行:清华大学出版社
    网   址:http://www.tup.com.cn,http://www.wqbook.com
    地   址:北京清华大学学研大厦 A 座   邮 编:100084
    社 总 机:010-62770175   邮 购:010-62786544
    投稿与读者服务:010-62776969,c-service@tup.tsinghua.edu.cn
    质量反馈:010-62772015,zhiliang@tup.tsinghua.edu.cn
印 装 者:三河市龙大印装有限公司
经 销:全国新华书店
开 本:185mm×260mm 印 张:12.25 插 页:4 字 数:293 千字
版 次:2013 年 3 月第 1 版   印 次:2021 年 12 月第 8 次印刷
定 价:36.00 元

产品编号:050815-03

编　委　会

名誉主编：袁　驷

主　　编：崔京浩

副 主 编：石永久　陈培荣

编　　委（按姓氏拼音排序）：

方东平　冯　鹏　韩林海　刘洪玉　陆新征

马智亮　聂建国　宋二祥　郑思齐　周　坚

丛书总序

PREFACE

国务院学位委员会在学科简介中为土木工程所下的定义是："土木工程(Civil Engineering)是建造各类工程设施的科学技术的统称。它既指工程建设的对象，即建造在地上、地下、水中的各种工程设施，也指所应用的材料、设备和所进行的勘测、设计、施工、保养、维修等专业技术"。土木工程是一个专业覆盖面极广的一级学科。

英语中"Civil"一词的意义是民间的和民用的。"Civil Engineering"一词最初是对应于军事工程(Military Engineering)而诞生的，它是指除了服务于战争设施以外的一切为了生活和生产所需要的民用工程设施的总称，后来这个界定就不那么明确了。按照学科划分，现代地下防护工程、航天发射塔井、海上采油平台、通信线路敷设、电网传输塔架等设施也都属于土木工程的范畴。

土木工程是国家的基础产业和支柱产业，是开发和吸纳我国劳动力资源的一个重要平台，由于它投入大、带动的行业多，对国民经济的消长具有举足轻重的作用。改革开放后，我国国民经济持续高涨，土建行业的贡献率达到1/3；近年来，我国固定资产的投入接近甚至超过GDP总量的50%，其中绝大多数都与土建行业有关。随着城市化的发展，这一趋势还将继续呈现增长的势头。

土木工程又是开发和吸纳我国劳动力资源的重要平台，我国农村有2.5亿富余劳动力，约一半在土木行业工作。这个平台迫切需要受过高等教育的工程技术人员指导施工，尤其近年来我国对外承包的土木工程项目越来越多，进一步强化了这种需求。这也是土木工程学科的毕业生比较容易就业的原因。

相对于机械工程等传统学科而言，土木工程诞生得更早，其发展及演变历史更为久远。同时，它又是一个生命力极强的学科，它强大的生命力源于人类生活乃至生存对它的依赖，甚至可以毫不夸张地说，只要有人类存在，土木工程就有着强大的社会需求和广阔的发展空间。

随着技术的进步和时代的发展，土木工程不断注入新鲜血液，呈现出勃勃生机。其中工程材料的变革和力学理论的发展起着最为重要的推动作用。现代土木工程早已不是传统意义上的砖瓦灰砂石，而是由新理论、新技术、新材料、新工艺、新方法武装起来的为众多领域和行业不可或缺的大型综合性学科，是一门古老而又年轻的学科。

综上所述，土木工程是一个历史悠久、生命力强、投入巨大、对国民经济具有拉动作用、专业覆盖面和行业涉及面极广的一级学科和大型综合性产业，为它编写一套集新颖性、实用性、科学性和包容性为一体的"土木工程专业卓越工程师教育培养计划系列教材",既是社会的召唤和需求,也是我们的责任和义务。

改革开放三十多年来,我国高等教育走出了新中国成立初期那种以部属行业办学为主要方式的教育体系,教育模式开始走上综合性和实用性同步发展的轨道。而工程技术学科多以"卓越工程师"为其重要的培养目标,这一点对土木工程显得更为贴切和准确。

清华大学土木工程系是清华大学建校后成立最早的科系之一,历史悠久,实力也比较雄厚,有较强的社会影响和较广泛的社会联系,组织编写一套土木工程学科系列教材,既是应尽的责任也是一份贡献。面对土木工程这样一个覆盖面极广的一级学科,我们的编委会实际发挥两个作用:其一是组织工作,组织广大兄弟院校具有丰富教学经验的学者们编写这套教材;其二是保证本套教材的质量,我们有一个较为完善的专家库,必要时请专家审阅、定稿。

这套系列教材的编写严格贯彻"新颖性、实用性、科学性和包容性"四大原则。

(1) 新颖性　充分反映有关新标准、新规程、新规范、新理论、新技术、新材料、新工艺、新方法,老的、过时的、已退出市场的一律不要,体现强劲的时代风貌。

(2) 实用性　在基础理论够用的前提下避免不必要的说教和冗长的论述,尽可能从实用的角度用简明的方式阐述概念、推导公式,力求深入浅出,让学生一学就懂,一懂就会用;并能在以后的工作中灵活运用。

(3) 科学性　编写内容均有出处,参考文献除国家标准、行业标准、地方标准必须列出以外,尚应包括引用的论文、专著、手册及教科书。

(4) 包容性　现代土木工程学科是一个专业覆盖面极宽、行业涉及面极广的一级学科,素有"大土木"之称,毕业生有着广泛的就业渠道,在工程技术学科类有较强的适应性,在教材的选编上努力体现这个原则和特点。

衷心期望这套书能对土木工程专业的教学做出贡献,并欢迎读者及时提出宝贵意见以便逐步提高。

崔京浩 于清华园

2013 年 1 月

崔京浩,男,山东淄博人。清华大学结构力学研究生毕业,改革开放后赴挪威皇家科学技术委员会做博士后,从事围岩应力分析的研究。先后发表论文 180 多篇,出版 8 本著作(其中有与他人合著者),参加并组织编写巨著《中国土木工程指南》,任副主编兼编辑办公室主任,并为该书撰写绪论;主持编写由清华大学土木工程系组编的"土木工程新技术丛书"和"简明土木工程系列专辑",并任主编。先后任清华大学土木工程系副系主任、学术委员会副主任、消防协会常务理事、中国力学学会理事,《工程力学》学报主编,享受国务院特殊津贴。

前　言

　　施工组织是土木工程专业的必修课程,它主要研究土木建筑工程的施工计划,施工组织的基本理论、方法和一般规律与要求,是一门实用性强、应用广泛的学科。近年来,组织施工的方法和施工管理的水平有了较大发展和进步,其中包括流水施工的理论与应用,工程网络计划及其优化方法的应用发展,项目管理软件的开发与大量使用,施工组织与管理方法的不断进步,以及网络计划技术标准、工程网络计划规程的更新和建筑施工组织设计规范的出台等,这些都要求教材更新和进步,以适应高级土木工程人才培养的需要。

　　本书依据土木工程专业规范和新世纪应用型人才培养目标编写。以培养学生具有工程项目组织与管理能力为目标,全面、系统地讲述土木工程施工组织的理论、方法和应用实例。围绕施工项目,深入讲述流水施工方法、工程网络计划技术、单位工程施工组织设计、施工组织总设计等内容。吸收了国内外工程项目施工组织的最新成果,紧密结合我国工程建设的改革实际,着力培养学生的工程施工组织与管理的能力。

　　本书力争内容严谨规范,语言通俗易懂,图面清晰美观。依据高级应用型人才培养的特点和要求,本着"理论够用、培养能力为主、考虑持续发展需要"的原则,在内容上,精选理论内容和示例,侧重实际应用,增加了课程实训、求职面试典型问题应对等章节。考虑到学生今后职业生涯的需要,适当增加了建造师、监理工程师、造价工程师等注册考试所需的基础理论知识。

　　本书由北京建筑工程学院穆静波编写。在编写过程中参考了多方面的文献资料、工程案例等,谨此对相关作者表示衷心的感谢。由于水平所限,书中难免有不足之处,敬请读者批评指正。

编　者

2012 年 11 月

目 录

CONTENTS

第 1 章

施工组织概论

本章学习要求：了解土木工程施工的特点及基本建设程序，熟悉建设项目的组成，掌握工程施工的一般程序；掌握施工准备工作的内容。了解施工组织设计的编制要求，掌握施工组织设计的类型、作用及主要内容。熟悉组织项目施工的原则。

本章学习重点：土木工程产品及其生产的特点；建设项目的组成及施工程序；施工准备的分类及其内容；施工组织设计的基本概念及主要内容；组织施工的原则。

土木工程施工组织是据建筑产品及生产的特点、国家基本建设方针、工程建设程序以及相关技术和方法，对整个施工过程作出计划与安排，使工程施工取得相对最优的效果。作为一门学科，它是研究土木工程项目建造实施的统筹安排与系统管理的规律，研究如何组织工程的施工，以实现建设和设计的意图与要求。其具体任务是确定各阶段施工准备工作的内容，对人力、资金、材料、机械和施工方法等进行科学合理的安排，协调施工中各单位各工种之间、各种资源之间、资源与时间之间的合理关系，按照经济和技术规律对整个施工过程进行科学合理的安排，以期达到工期短、成本低、质量好、安全、高效的目的。

土木工程施工的对象是建设工程项目，它们千差万别；施工过程中，其内部工作与外部联系错综复杂，没有一种固定不变的组织方法可运用于一切工程。因此，施工组织者必须依据施工对象的特点，充分利用施工组织的方法与规律，在所有环节中精心组织，严格管理，全面协调好施工过程中的各种关系；面对特殊、复杂的生产过程，进行科学的分析，弄清主次矛盾，找出关键所在，有的放矢地采取措施，合理地组织人财物的投入顺序、数量、比例，进行科学的工程排队，组织平行流水和立体交叉作业，提高对时间和空间的利用率，这样才能取得全面的经济效益和社会效益。

1.1 概述

1.1.1 土木工程产品及其生产的特点

土木工程产品除了具有不同的性质、用途、功能、类型和使用要求外，就产品本身及其生

产过程而言,还具有以下特点:

1. 产品的固定性与生产的流动性

各种建筑物和构筑物都是通过基础固定于地基上,其建造和使用地点在空间上是固定不动的,这与一般工业产品有着显著区别。

产品的固定性决定了其生产的流动性。一般的工业产品都是在固定的工厂、固定的车间或固定的流水线上进行生产,而土木工程产品则是在不同的地区、不同的现场或不同的部位,组织劳动力、机械及设备围绕同一产品而进行生产的。因而,参与生产的人员以及所使用的机具、材料只能在不同的地区、不同的建造地点及不同的高度空间流动,使生产难以做到稳定、连续、均衡。

2. 产品的多样性与生产的单件性

土木工程的产品不但要满足各种使用功能的要求,还要达到某种艺术效果,体现出地区特点、民族风格以及物质文明与精神文明的特色,同时也受到材料、技术、经济、自然条件等多种因素的影响和制约,使其产品类型多样、姿色迥异、变化纷繁。

产品的固定性和多样性决定了产品生产的单件性。一般的工业产品是在一定的时期里,以统一的工艺流程进行批量生产。而每一个土木工程产品则往往是根据其使用功能及艺术要求,单独设计和单独施工。即使是选用标准设计、通用构配件,也往往由于施工条件的不同、材料供应方式及施工队伍构成的不同,而采取不同的组织方案和施工方法,也即生产过程不可能重复进行,只能单件生产。

3. 产品的庞大性与生产的综合性、协作性

土木工程产品为了达到其使用功能的要求,满足所用材料的物理力学性能要求,需要占据广阔的平面与空间,耗用大量的物质资源,因而其体形大、高度大、重量大。产品庞大这一特点,对材料运输、安全防护、施工周期、作业条件等方面产生不利的影响;同时,也给我们综合各个专业的人员、机具、设备,在不同部位进行立体交叉作业创造了有利的条件。

由于产品体型庞大、构造复杂,需要建设、设计、施工、监理、构配件生产、材料供应、运输等各个方面以及各个专业施工单位之间的通力协作。在企业内部,要在不同时期、不同地点和不同产品上组织多专业、多工种的综合作业。在企业外部,需要城市规划、土地征用、勘察设计、消防、公用事业、环境保护、质量监督、科研试验、交通运输、银行财政、机具设备、材料及能源供应、劳务等社会各部门和各领域的协作配合。可见,土木工程产品的生产具有复杂的综合性、协作性。只有协调好各方面关系,才能保质保量、如期完成工程任务。

4. 产品的复杂性与生产的干扰性

土木工程涉及范围广、类别杂,做法多样、形式多变;它集多个行业于一体;它需使用数千种不同品种、规格的材料;它要与电力照明、通风空调、给水排水、消防、电信等多种系统共同组成;它要使技术与艺术融为一体……这些充分体现了产品的复杂性。

在工程的实施过程中,受政策法规、合同文件、设计图纸、人员素质、材料质量、能源供应、场地条件、周围环境、自然条件、安全隐患、产品特征与质量要求等多种因素的干扰和影响。必须在精神上、物质上做好充分准备,以提高抗干扰的能力。

5. 产品投资大,施工工期紧

土木工程产品的生产属于基本建设的范畴,需要大量的资金投入。建设单位(或业

主）为了使投资尽早发挥效益,往往限定工期较短;且施工工序多,工艺复杂,不同专业、不同工种交叉作业频繁,大量工序需要技术间歇,再加上各种因素的干扰,使得工期更为紧迫。

此外,土木工程施工还具有露天作业多、施工条件差、高处作业多、安全隐患多等特点,存在较多不利因素。

以上特点对工程的组织实施影响很大,必须根据各个工程的具体情况,编制切实可行的施工组织设计,采取先进可靠的施工组织与管理方法,以保证工程圆满完成。

1.1.2　建设项目与建设程序

1. 建设项目及其组成

1）建设项目

建设项目是指具有独立计划和总体设计文件,并能按总体设计要求组织施工,工程完工后可以形成独立生产能力或使用功能的建设工程项目。它是由一个或几个单项工程组成,经济上实行统一核算,行政上实行统一管理。一般以一个企业、事业单位或一个独立工程作为一个建设项目。如工业建设中的一座工厂、一个矿山,民用建设中的一个住宅区、一所学校、一座酒店,公路建设中的一条公路等均为一个建设项目。

建设项目的规模和复杂程度各不相同。一般情况下,一个建设项目按其组成从大到小可划分为若干个单项工程、单位工程、分部工程和分项工程,如图 1-1 所示。

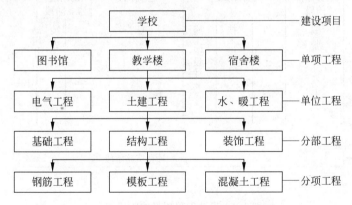

图 1-1　基本建设项目的组成示例

2）单项工程

单项工程是指具有独立的设计文件,能独立组织施工,竣工后可以独立发挥生产能力和经济效益的工程,又称为工程项目。一个建设项目可以由一个或几个单项工程组成。例如一所学校中的教学楼、实验楼和办公楼等。

3）单位工程

单位工程是指具有单独设计图纸,可以独立施工,但竣工后一般不能独立发挥生产能力和经济效益的工程。一个单项工程通常都由若干个单位工程组成。例如,一个工厂车间通常由土建工程、管道安装工程、设备安装工程、电器安装工程等单位工程组成。

4）分部工程

分部工程一般是按单位工程的部位、构件性质、使用的工种或设备种类等不同而划分的工程。例如，一幢房屋的土建单位工程，按其部位可以划分为基础、主体、屋面和装饰装修等分部工程，按其工种可以划分为土石方工程、砌筑工程、钢筋混凝土工程、防水工程和抹灰工程等。

5）分项工程

分项工程一般是按分部工程的施工方法、使用材料、结构构件的规格等不同因素而划分的，用简单的施工过程就能完成的工程。例如房屋的基础分部工程，可以划分为挖土、混凝土垫层、砌砖基础和回填土等分项工程。

2．建设程序与主要内容

建设程序是指建设项目从策划、评估、决策、设计、施工到竣工验收、投入生产或交付使用的整个建设过程中，各项工作必须遵循的先后顺序。它是客观存在的自然规律和经济规律的正确反映，是建设工程项目科学决策和顺利进行的重要保证，是经过多年实践的科学总结。

建设工程项目的全寿命周期包括项目的决策、实施和使用三大阶段。其中决策阶段主要包括编制项目建议书、可行性研究报告，实施阶段包括设计准备、设计、施工、动用前准备和保修阶段（见图1-2）。

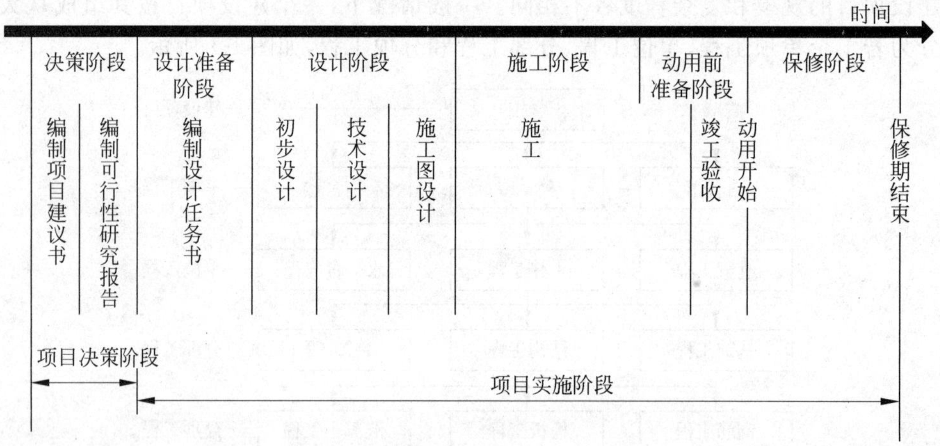

图1-2　建设工程项目的阶段划分

按我国现行规定，基本建设项目从建设前期工作到建设、投产使用一般要经历以下几个阶段的工作程序：

（1）根据国民经济和社会发展长远规划，结合行业和地区发展规划的要求，提出项目建议书；

（2）在勘察、试验、调查研究及详细技术经济论证的基础上编制可行性研究报告；

（3）根据项目的咨询评估情况，对建设项目进行决策；

（4）根据可行性研究报告进行设计准备，并编制设计文件；

（5）初步设计经批准后，进行技术设计和施工图设计，同时做好施工前的各项准备工作；

（6）组织施工，并根据工程进度，做好动用前的准备；

（7）项目按批准的设计内容建成并经竣工验收合格后，正式投产或交付使用，工程进入保修阶段；

（8）生产运营或使用一段时间后（一般为两年），进行项目后评价。

以上程序可由项目审批主管部门视项目建设条件、投资规模作适当合并。

目前我国基本建设程序的内容和步骤主要有：前期工作阶段主要包括项目建议书、可行性研究报告、设计工作阶段；建设实施阶段主要包括施工准备、建设实施；竣工验收阶段和后评价阶段。这几个大的阶段中每一阶段都包含着许多环节和内容，其主要内容与要求如下。

1）项目决策阶段

该阶段包括编制项目建议书、进行可行性研究并编制研究报告。

项目建议书是要求建设某一具体项目的建议文件，是对拟建项目的轮廓设想。其主要作用是对拟建项目进行初步说明，论述其建设的必要性、条件的可行性和获利的可能性。项目建议书经有审批权限的部门批准后，方可以进行可行性研究工作。

可行性研究是指在项目决策前，通过对项目有关的工程、技术、经济等各方面条件和情况进行调查、研究、分析，对各种可能的建设方案和技术方案进行比较论证，并对项目建成后的经济效益进行预测和评价，由此考察项目技术上的先进性和适用性，经济上的盈利性和合理性，建设的可能性和可行性。

可行性研究须由经过资格审定的规划、设计和工程咨询单位进行。所编制的可行性研究报告经有资格的工程咨询机构进行评估并通过后，由审批部门进行审批。批准后可列入预备项目计划或国家年度计划。

2）设计阶段

一般建设项目（包括工业、民用建筑、城市基础设施、水利工程、道路工程等），设计过程划分为初步设计和施工图设计两个阶段。对技术复杂而又缺乏经验的项目，需在初步设计后增加技术设计阶段，构成三段制设计。

（1）初步设计。初步设计是项目的宏观设计，即项目的总体设计、布局设计，主要的工艺流程、设备的选型和安装设计，土建工程量及费用的估算等。初步设计文件应当满足编制施工招标文件、主要设备材料订货和编制施工图设计文件的需要，是下一阶段施工图设计的基础。

初步设计完成后，由发展计划部门委托投资项目评审中心组织专家审查。审查通过后，由发展计划部门或会同其他有关行业主管部门审批。

（2）施工图设计。施工图设计是根据批准的初步设计或技术设计，绘制出正确、完整和尽可能详细的建筑、安装图纸。施工图设计完成后，须由设计审查单位审查，并经审批部门进行审批后方可使用。

3）施工阶段

该阶段包括进行施工准备、项目开工审批和组织施工。

（1）建设开工前的准备。主要内容包括：征地、拆迁和场地平整；完成施工用水、电、路等工程；组织设备、材料订货；准备必要的施工图纸；组织招标投标（包括监理、施工、设备采购及安装等方面的招投标）并择优选择参与单位，签订相应合同。

（2）项目开工审批。建设单位在工程建设项目可研批准、资金落实、各项准备工作就绪后,应向当地建设行政部门或项目主管部门及其授权机构申请项目开工,经审批后方可开工建设。

(3) 组织施工。开工许可审批之后即进入项目建设施工阶段。自设计文件中规定的任何一项永久性工程破土开槽的日期为开工之日。通过施工,将设计的图纸变成确定的建设项目。为确保工程质量,施工必须严格按照图纸、技术操作规程和施工及验收规范进行,完成全部的建设工程。

4) 动用前的准备

动用前的准备指生产或使用准备。生产准备是生产性施工项目投产前所要进行的一项重要工作,是建设阶段转入生产经营的必要条件。使用准备是非生产性施工项目正式投入运营使用所要进行的工作。在全面施工的同时,要按生产或使用的内容做好相应的各项准备工作,以确保及时投产或交付使用,尽快达到生产或使用能力。

5) 竣工验收阶段

竣工验收是对建设项目的全面考核。当建设项目按照审批的设计文件全部建成,工业项目能够生产合格产品,非工业项目能够正常使用,都要及时组织验收。

竣工验收程序一般分两步:单项工程完成后可由建设单位组织验收;整个建设项目全部完成,且各单项工程验收合格,并具备规定的技术资料、竣工图纸、竣工决算及审计意见、工程总结等必要文件资料后,建设单位即可提出竣工验收申请报告,由项目主管部门和地方政府部门组织验收。

验收由组成的验收委员会或验收组具体实施,包括审查工程建设的各个环节、听取总结汇报、审阅工程档案并实地查验,对工程设计、施工和设备质量等方面作出全面评价,形成验收鉴定意见书。验收通过,则建设与承包方签证交工验收证书,办理交工验收手续,正式移交使用。

6) 后评价阶段

建设项目后评价是工程项目竣工投产、生产运营一段时间后,再对项目的立项决策、设计施工、竣工投产、生产运营等全过程进行系统评价的一种技术经济活动。通过建设项目后评价以达到肯定成绩、总结经验、研究问题、吸取教训、提出建议、改进工作、不断提高项目决策水平和投资效果的目的。

我国目前开展的建设项目后评价一般都按三个层次组织实施,即项目单位的自我评价、项目所在行业的评价和各级发展计划部门(或主要投资方)的评价。

1.1.3 土木工程的施工程序

施工是工程建设的一个主要阶段,必须加强科学管理,严格按照施工程序开展工作。施工程序是指在整个工程实施阶段所必须遵循的一般顺序规律。按其开展的次序划分为六个步骤,即:承接任务→施工规划→施工准备→组织施工→竣工验收→回访保修。具体内容如下。

1. 承接施工任务,签订施工合同

施工任务来源方式包括下达式、招投标式和主动承接式(较小的项目)。目前主要是招投标式,即施工单位参加投标,中标而获得施工任务,它已成为施工单位承揽工程的主要渠道,也是建筑业市场成交工程的主要形式。无论以哪种来源方式获得的任务,承接工程项目后,施工单位都必须与建设方签订承包合同,以减少不必要的纠纷,确保工程的实施和结算。

2. 调查研究,做好施工规划

施工合同签订后,施工总承包单位首先要对当地技术经济条件、气候条件、地质条件、施工环境、现场条件等方面做进一步调查分析,做好任务摸底。其次要部署施工力量,确定分包项目,选定分包单位,签订分包合同。此外还要派先遣人员进场,做好施工准备工作。

3. 落实施工准备,提出开工报告

施工准备工作是保证按计划完成施工任务的关键和前提,其基本任务是为施工创造必要的技术和物质条件。施工准备工作通常包括技术准备、物资准备、劳动组织准备、施工现场准备和施工场外准备等几个方面(详见1.2节)。当一个项目进行了图纸会审,批准了施工组织设计、施工图预算;搭设了必需的临时设施,建立了现场组织管理机构;人力、物力、资金到位,能够满足工程开工后连续施工的要求时,施工单位即可向主管部门申请开工。

4. 全面施工,加强管理

开工报告获批准后,即可进行工程的全面施工。该阶段是整个工程实施中最重要的一个阶段,它决定了施工工期、产品质量、工程成本和施工企业的效益。因此,要做好四控(质量、进度、安全、成本控制)、四管(现场、合同、生产要素、信息管理)和一协调(搞好协调配合)。具体需做好以下几个方面的工作:

(1) 严格按照设计图纸和施工组织设计进行施工;

(2) 注意协调配合,及时解决现场出现的矛盾,做好调度工作;

(3) 把握施工进度,做好控制与调整,确保施工工期;

(4) 采取有效的质量管理手段和保证质量措施,执行各项质检制度,确保工程质量;

(5) 做好材料供应工作,执行材料进场检验、保管、限额领料制度;

(6) 做好技术档案工作,按规定管理好图纸及洽商变更、检验记录、材料合格证等有关技术资料;

(7) 做好成品的保养和保护工作,防止成品的丢失、污染和损坏;

(8) 加强施工现场平面图管理,及时清理场地,强化文明施工,保证道路畅通;

(9) 控制工地安全,做好消防工作;

(10) 加强合同、资金等管理工作,提高企业的经济效益与社会效益。

5. 竣工验收,交付使用

竣工验收是施工的最后一个阶段,也是一个法定的手续,是全面考核设计和施工质量的重要环节。根据国家有关规定,所有建设项目和单项工程按照设计文件所规定的全部内容建完后,必须进行工程检验与备案。凡是质量不合格的工程不准交工,不准报竣工验收,当然也不能交付使用。具体步骤与方法见"基本建设程序"中的相关内容。

6. 保修回访,总结经验

在法定及合同规定的保修期内,对出现质量缺陷的部位进行返修,以保证满足原有的设计质量和使用效果要求。国家规定,房屋建筑工程的基础工程、主体结构工程在设计合理使用年限内均为保修期,防水工程的保修期为5年,装饰装修及所安装的设备保修期为2年。

施工企业通过定期回访和保修,不但方便用户、提高企业信誉,同时也为以后施工积累经验。

1.2　施工准备工作

1.2.1　施工准备工作概述

1. 施工准备工作的重要性

施工准备是工程项目实施期的重要阶段之一,基本任务是为拟建工程的施工创造必要的技术和物资条件,统筹安排施工力量和施工现场。施工准备工作也是施工企业搞好目标管理、推行技术经济承包的重要依据,同时还是土建施工和设备安装顺利进行的根本保证。因此认真地做好施工准备工作,对于发挥企业优势、合理供应资源、加快施工速度、提高工程质量、降低工程成本、增加企业经济效益、赢得社会信誉、实现企业管理现代化等都具有重要的意义。

施工准备工作的优劣,将直接影响土木工程产品生产的全过程。实践证明,凡是重视施工准备工作,积极为拟建工程创造一切施工条件的,其工程的施工就会顺利地进行;凡是不重视施工准备工作的,就会给工程的施工带来麻烦和损失,甚至带来灾难,后果不堪设想。

2. 工程项目施工准备工作的分类

1) 按准备工作的范围划分

按工程项目施工准备工作的范围不同,一般可分为全场性施工准备、单位工程施工条件准备和分部(分项)工程作业条件准备三种。

(1) 全场性施工准备

它是以一个建设工地为对象而进行的各项施工准备。其特点是准备工作的目的、内容都是为全场性施工服务的。它不仅要为全场性的施工活动创造有利条件,而且要兼顾单位工程施工条件的准备。

(2) 单位工程施工条件准备

它是以一个建筑物或构筑物为对象进行的施工条件准备工作。其特点是准备工作的目的、内容都是为单位工程施工服务的。它不仅要为该单位工程做好开工前的一切准备,而且要为分部(分项)工程或冬雨季施工做好作业条件的准备。

(3) 分部(分项)工程作业条件准备

对某些施工难度大、技术复杂的分部(分项)工程,如降低地下水位、基坑支护、大体积混凝土浇筑、防水施工、大跨度结构吊装等,还要单独编制工程作业设计,并对其所采用的材料、机具、设备及安全防护设施等分别进行准备。

2) 按所处的施工阶段划分

按拟建工程所处的施工阶段不同,一般可分为开工前和各施工阶段前的施工准备两种。

(1) 开工前的施工准备

它是在拟建工程正式开工之前所进行的一切施工准备工作。其目的是为拟建工程正式开工创造必要的施工条件。它既可能是全场性的施工准备,又可能是单位工程施工条件的准备。

（2）各施工阶段前的施工准备

它是在拟建工程开工之后，每个施工阶段正式开始之前所进行的一切施工准备工作。其目的是为该施工阶段正式开工创造必要的施工条件。如框架结构教学楼的施工，一般可分为基础工程、主体工程、围护及屋面工程和装饰工程等施工阶段，每个施工阶段的施工内容不同，所需要的技术条件、物资条件、组织要求和现场布置等方面也不同。因此，在每个施工阶段开工之前，都必须做好相应的施工准备工作。

综上可见，施工准备工作不仅是在拟建工程开工之前，而且贯穿于整个建造过程的始终。

3. 施工准备工作计划

为了落实各项施工准备工作，加强检查和监督，必须编制施工准备工作计划，如表 1-1 所示。

表 1-1　施工准备工作计划表

序号	施工准备项目	简要内容	负责单位	负责人	配合单位	起止时间		备注
						月　日	月　日	
1								
2								
...								

为了加快施工准备工作的进度，必须加强建设单位、设计单位和施工单位之间的协调工作，密切配合，建立健全施工准备工作的责任制度和检查制度，使施工准备工作有领导、有组织、有计划和分期分批地进行。

1.2.2　施工准备工作的内容

不同范围或不同阶段的施工准备工作，在内容上有所差异。但主要内容一般均包括：技术准备、物资准备、劳动组织准备、施工现场准备和施工场外准备等五个方面的准备工作。

1. 技术准备

技术准备是施工准备工作的核心。它对工程的质量、安全、费用、工期控制具有重要意义，因此必须认真做好。

1）原始资料调查分析

为了做好施工准备工作，拟定出先进合理、切实可行的施工组织设计，除了要掌握有关拟建工程方面的资料外，还应该进行实地勘测和调查，以获得第一手资料。重点包括：

（1）自然条件调查分析

主要内容包括：建设地区水准点和绝对标高情况；地质构造、土的性质和类别、地基土的承载力、地震级别和烈度情况；河流流量和水质及水位变化情况；地下水位、含水层厚度和水质情况；气温、雨、雪、风和雷电情况；土的冻结深度和冬雨季的期限情况。

（2）技术经济条件调查分析

主要内容包括：建设地区地方施工企业的状况；施工现场的状况；当地可利用的地方

材料状况;主要材料供应状况;地方能源和交通运输状况;地方劳动力和技术水平状况;当地生活供应、教育和医疗卫生状况;当地消防、治安状况和参加施工单位的力量状况等。

2）熟悉与审查施工图纸

（1）熟悉与审查图纸的目的

在施工前必须认真地熟悉和审查图纸,其目的是使工程技术与管理人员充分了解设计意图、掌握结构与构造特点和技术要求,以保证施工能顺利地进行;同时发现图纸中存在的问题和错误,使其在开工之前改正,以减少等待、返工的损失。

（2）熟悉与审查图纸的内容

① 审查施工图纸是否完整、齐全,以及设计图纸和资料是否符合国家规划、方针和政策;

② 审查施工图纸与说明书在内容上是否一致,以及各专业图纸之间有无矛盾;

③ 审查建筑与结构施工图在几何尺寸、标高、说明等方面是否一致,技术要求是否正确;

④ 审查工业项目的生产设备安装图纸及与其相配合的土建施工图纸在坐标、标高上是否一致,土建施工能否满足设备安装的要求;

⑤ 审查地基处理与基础设计同拟建工程地点的工程地质、水文等条件是否一致,以及建筑物与地下构筑物、管线之间的关系;

⑥ 明确拟建工程的结构形式和特点;了解有哪些工程复杂、施工难度大和技术要求高的分部（分项）工程或新结构、新材料、新工艺、新技术,明确现有施工技术水平和管理水平能否满足工期和质量要求,找出施工的重点、难点;

⑦ 明确建设期限,分期分批投产或交付使用的顺序和时间;明确建设单位可以提供的施工条件。

（3）熟悉与审查施工图纸的程序

熟悉与审查施工图纸的程序通常分为自审、会审和现场签证3个阶段。

① 自审阶段

施工单位收到拟建工程的施工图纸和有关设计资料后,应尽快地组织有关工程技术、管理人员熟悉和自审图纸,并记录对图纸的疑问和建议。

② 会审阶段

图纸会审一般由建设单位或监理单位主持,设计单位和施工单位参加,三方共同进行。首先由设计单位的工程主设计人向与会者说明拟建工程的设计依据、意图和功能要求,并对特殊结构、新材料、新工艺和新技术提出要求。然后施工单位根据自审记录以及对设计意图的了解,提出对施工图纸的疑问和建议。最后在统一认识的基础上,对所研讨的问题逐一做好记录,形成"图纸会审纪要",由建设单位正式行文,参加单位会签、盖章,作为设计图纸的修改文件,是指导施工、竣工验收和工程结算的依据。

③ 现场签证阶段

在拟建工程施工的过程中,如果发现施工的条件与施工图纸的条件不符,或者发现图纸中仍然有错误,或者因为材料的规格、质量不能满足设计要求,或者因为施工单位提出了合理化建议,需要对施工图纸进行修改时,应遵循技术核定和设计变更的签证制度,进行图纸的施工现场签证。如果设计变更的内容对拟建工程的规模、投资影响较大时,要报请项目的原批准单位批准。施工现场的图纸修改、技术核定和设计变更资料,都要有正式的文字记录,归入拟建工程施工档案,作为指导施工、竣工验收和工程结算的依据。

3) 熟悉技术规范、规程和有关规定

技术规范、规程是国家制定的建设法规,是实践经验的总结,在技术管理上具有法律效应。在工程开工前,对与施工对象相关的规范、规程和有关规定要认真学习,明确要求,以便贯彻实施。特别是强制性条文,要坚决执行。常用的规范、规程类型包括:

(1) 工程质量验收标准;

(2) 工程技术规范;

(3) 施工操作规范、规程;

(4) 质量验收规范;

(5) 安全技术规范、规程;

(6) 上级技术部门颁发的其他技术规范、规程和有关规定。

4) 编制施工预算

施工预算是根据施工图纸、施工组织设计或施工方案、施工定额等文件进行编制的,是施工企业内部控制各项费用支出、考核用工、签发施工任务单、限额领料、进行经济核算的依据,也是进行工程分包的依据。

5) 编制施工组织设计

工程项目施工生产活动是非常复杂的物质财富再创造的过程。为了正确处理人与物、主体与辅助、工艺与设备、专业与协作、供应与消耗、生产与储存、使用与维修以及它们在空间布置、时间安排之间的关系,必须根据拟建工程的规模、结构特点和建设单位的要求,在原始资料调查分析的基础上,编制出一份能切实指导该工程全部施工活动的科学的实施方案,即施工组织设计。

施工组织设计是用以指导施工组织与管理、施工准备与实施、施工控制与协调、资源的配置与使用等全面性的技术、经济文件的。通过编制施工组织设计,可以针对工程的特点,根据施工环境的各种具体条件,按照客观的施工规律,制订拟建工程的施工方案,确定施工顺序、施工方法、劳动组织和技术组织措施;可以确定施工进度,控制工期;可以有序地组织材料、机具、设备、劳动力需要量的供应和使用;可以合理地利用和安排为施工服务的各项临时设施;可以合理地部署施工现场,确保文明施工、安全施工;可以分析施工中可能产生的风险和矛盾,以便及时研究解决问题的对策、措施;可以将工程的设计与施工、技术与经济、施工组织与施工管理、施工全局规律与施工局部规律、土建施工与设备安装、各部门之间、各专业之间有机地结合,相互配合,统一协调。

2. 物资准备

物资准备是保证施工顺利进行的基础,其内容主要包括建筑材料的准备、构(配)件和制品的加工准备、建筑安装机具的准备和生产工艺设备的准备。在工程开工之前,要根据各种物资的需要量计划,分别落实货源,组织运输和安排储备,以保证工程开工和连续施工的需要。物资准备工作程序如图 1-3 所示。

3. 劳动组织准备

劳动组织准备的范围,包括对大型综合建设项目的劳动组织准备、对单位工程的劳动组织准备。这里仅以一个单位工程为例,说明其劳动组织准备工作的内容。

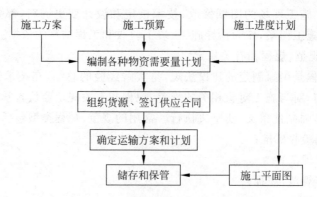

图 1-3　物资准备工作程序图

1）建立施工项目领导机构

根据工程的规模、结构特点和复杂程度，确定施工项目领导机构的形式、名额和人选。要遵循合理分工与密切协作相结合的原则；要认真执行因事设职、因职选人的原则；要把有施工经验、有开拓精神、工作效率高的人选入领导机构。

2）建立精干的施工队组

按施工组织方式的要求，确定建立混合施工队组或专业施工队组。认真考虑专业工种的合理配合，技工和普工的比例要满足合理的劳动组织要求。

3）集结施工力量，组织劳动力进场

按照开工日期和劳动力需要量计划，组织工人进场，并安排好职工的生活。同时要进行安全、防火和文明施工等方面的教育。

4）向施工队组、工人进行计划与技术交底

进行计划与技术交底的目的是把拟建工程的设计内容、施工计划和施工技术要求等，详尽地向施工队组和工人讲解说明。这是落实计划和技术责任制的必要措施。

交底应在单位工程或分部（项）工程开工前进行。交底的内容通常包括：工程的施工进度计划、月（旬）作业计划；施工工艺、质量标准、安全技术措施、降低成本措施和施工验收规范的要求；新结构、新材料、新技术和新工艺的实施方案和保证措施；有关部位的设计变更和技术核定等事项。

交底工作应该按照管理系统逐级进行，由上而下直到队组工人。交底的方式有书面形式、口头形式和现场示范形式等。对于涉及质量、安全等重要内容的交底，应采用书面形式，一式三份，双方签字并存入档案。

在交底后，队组人员要认真进行分析研究，弄清工程关键部位、操作要领、质量标准和安全措施，必要时应该根据示范交底进行练习和考核，并明确任务，做好分工协作安排，同时建立、健全岗位责任制和保证措施。

5）建立、健全各项管理制度

工地的管理制度是各项施工活动顺利进行的保证。无章可循是危险的，有章不循也会带来严重后果。因此必须建立、健全各项管理制度。工地的管理制度通常包括：施工图纸学习与会审制度、技术责任制度、技术交底制度、工程技术档案管理制度、材料及主要构配件和制品的检查验收制度、材料出入库制度、机具使用保养制度、职工考勤和考核制度、安全操作制度、工程质量检查与验收制度、工地及班组经济核算制度等。

4. 施工现场准备

施工现场是施工的活动空间,其准备工作主要是为工程施工创造有利的施工条件和物资保证。

1) 建立施工场地的测量控制网

按照建筑总平面图及给定的永久性坐标控制网和水准控制基桩,进行场区施工测量,设置场区的永久性坐标桩、水准基桩,建立场区工程测量控制网。

2) 完成"三通一平"

"三通一平"是指水通、电通、道路畅通和场地平整。

(1) 水通。通水是施工现场生产和生活不可缺少的条件。工程开工之前,必须按照施工总平面图的要求,接通施工用水和生活用水的管线,同时做好地面排水系统,为施工创造良好的环境。

(2) 电通。电是施工现场的主要动力来源。工程开工前,要按照施工组织设计的要求,接通电力和电信设施,并做好蒸汽、压缩空气等其他能源的供应,确保施工现场动力设备和通信设备的正常运行。

(3) 道路畅通。施工现场的道路是组织物资运输的动脉。工程开工前,必须按照建筑总平面图及施工平面图的要求,修好永久性道路以及必要的临时性道路,形成完整通畅的运输道路网,为物资进场和堆放创造有利条件,同时也为文明施工和安全防火奠定基础。

(4) 场地平整。按照施工总平面图的要求,首先拆除地上妨碍施工的建筑物或构筑物,然后根据建筑总平面图规定的标高平整场地,为定位放线、场地利用和展开施工创造条件。

3) 做好施工现场的补充勘探

为进一步明确地下状况或有特殊需要时,应及时做好现场的补充勘探,以便拟定相应施工方案或处理方案,保证施工的顺利进行和消除隐患。

4) 搭建临时设施

按照施工总平面图的布置和施工设施需要量计划,搭建临时设施,为正式开工准备生产、办公、生活和仓库等临时用房,以及设置消防保安设施。

5) 组织施工机具进场

根据施工机具需要量计划,组织施工机具进场,并根据施工平面图要求,将施工机具安置在规定的地点或仓库。对于固定的机具要进行就位、组装、保养和调试等工作,对所有施工机具都必须在开工之前进行检查和试运转。

6) 组织材料进场

根据施工材料、构(配)件和制品的需要量计划组织进场,按照施工总平面图规定的地点和方式进行储存或堆放。

7) 提出材料的试验、试制申请计划

材料进场后,及时提出建筑材料的试验申请计划。如钢材的机械性能试验;混凝土或砂浆的配合比试验等。

8) 进行新技术项目的试制、试验和人员培训

对施工中的新技术项目,应根据有关规定和相关资料,认真进行试制和试验。为正式施

工积累经验,并做好人员培训工作。

9) 做好季节性施工准备

按照施工组织设计的要求,认真落实冬季、雨季和高温季节施工项目的施工设施和技术组织措施。

5. 施工场外准备

在进行施工现场内部准备的同时,还需做好场外的准备和协调工作。其具体内容如下:

1) 落实建设单位提供施工条件的情况

依据合同中建设单位提供施工条件的内容及时间承诺,逐项落实,以保证现场准备的开展。主要包括"三通一平"、场地征用、临时设施、周围环境及申请领取施工许可证和施工现场临时设施搭建许可证等。

2) 材料设备的加工和订货

建筑材料、构(配)件和建筑制品大部分都必须外购,尤其工艺设备需要全部外购。必须根据需要量计划,与建材加工、设备制造部门或单位签订供货合同,保证及时供应。

3) 施工机具的租赁或订购

对本单位缺少且需要的施工机具,应根据需要量计划,与有关单位或部门签订订购合同或租赁合同。

4) 做好分包工作或劳务安排

由于施工单位本身的资质、能力和经验所限,有些专业工程(如大型土石方工程、结构安装工程以及特殊构筑物工程等)的施工或一般工程的劳务分包给有关单位,效益可能更佳。因此,应按原始资料调查中了解的有关情况,采用委托或招标方式,选定理想的协作单位,并根据欲分包工程的工程量、完成日期、工程质量要求和工程造价等内容,与其签订分包合同,以保证工程实施。

5) 向主管部门提交开工申请报告

在施工许可证已经办理、施工准备工作的各项内容已经完成、机械设备和材料供应能够保证开工后连续施工的要求时,应及时填写开工申请报告,并上报主管部门和监理机构审批。

1.3 施工组织设计概述

施工组织设计是指导工程投标、签订承包合同、指导施工准备和施工全过程的技术经济文件,是对施工活动的全过程进行科学管理的重要依据。其任务是对拟建工程的施工准备工作和整个施工过程,在人力和物力、时间和空间、技术和组织上,制定出全面、合理,符合好、快、省和安全要求的计划安排。

1.3.1 施工组织设计文件的分类

1. 按编制的目的与阶段分

根据编制的目的与编制阶段的不同,施工组织设计可划分为两类:一类是投标前编制的投标施工组织设计,另一类是签订工程承包合同后编制的实施性施工组织设计。两类施工组织设计的区别见表1-2。

表 1-2　两类施工组织设计的区别

种　类	服务范围	编制时间	编制者	主要特性	追求的主要目标
投标施工组织设计	投标与签约	经济标书编制前	经营管理层	规划性	中标和经济效益
实施性施工组织设计	施工准备至验收	签约后开工前	项目管理层	作业性	施工效率和效益

投标施工组织设计是投标书的重要组成部分,是为取得工程承包权而编制的,它的主要作用是在技术上、组织上和管理手段上论证投标书中的投标报价、施工工期和施工质量三大目标的合理性和可行性,对招标文件提出的要求做出明确、具体的承诺,对工程承包中需要业主提供的条件提出要求。

实施性施工组织设计是在中标、合同签订后,承包商根据合同文件的要求和具体的施工条件,对其进行修改、充实、完善,并经监理工程师审核同意后形成的施工组织设计。

2. 按编制对象分

根据编制对象与作用的不同,中标后施工组织设计又可分为施工组织总设计、单位工程施工组织设计和分部(分项)施工方案,其区别见表1-3。

表 1-3　不同类型施工组织设计的区别

类型 区别	施工组织总设计	单位工程施工组织设计	施工方案
编制对象	群体工程,特大型项目	单体工程	重要的分部工程,较大、难、新、复杂的分项工程,重要或危险的专项工程
作用	总的战略性部署 编制单位工程施工组织设计的依据 编制年度计划的依据	具体战术安排 直接指导施工 编制月旬计划的依据	指导施工及操作 编制月旬作业计划的依据
编制时间	建设项目开工前	单位工程开工前	相应分部(分项)工程施工前
编制人	建设单位或委托承包单位编制,建设单位、承包单位相关负责人参加	承包单位的项目负责人主持,项目技术负责人编制,项目部全体管理人员参加	承包或分包单位项目专业技术负责人主持,技术员或主管工长编制

1) 施工组织总设计

施工组织总设计是以一个建筑群、一条公路或一个特大型单项工程为编制对象,对整个建设工程的施工过程和施工活动进行全面规划,统筹安排,并对各单位工程的施工组织进行总体性指导、协调和阶段性目标控制与管理的综合性指导文件。它确定了工程建设总工期、各单位工程开展的顺序及工期、主要工程的施工方案、总体进度安排、各种资源的配置计划、全工地性暂设工程及准备工作、施工现场的总体布局等。由此可见,施工组织总设计是总的战略性部署,是指导全局性施工的技术、经济纲要,对整个项目的施工过程具有统筹规划、重点控制的作用。

2）单位工程施工组织设计

单位工程施工组织设计是以一个单体工程（如一幢住宅楼、一座工业厂房、一个构筑物或一段公路、一座桥梁）为编制对象，用于指导施工全过程中各项生产技术、经济活动，控制工程质量、安全等各项目标的综合性管理文件。其是对单位工程的施工过程和施工活动进行全面规划和安排，据以确定各分部（分项）工程开展的顺序及工期、主要分部（分项）工程的施工方法、施工进度计划、各种资源的配置计划、施工准备工作及施工现场的布置。对单位（子单位）工程的施工过程起指导和制约作用。

3）施工方案

它是以某些重要的分部工程或较大较难的、技术复杂的、采用新技术新工艺施工的分项工程（如大型工业厂房或公共建筑物的基础、混凝土结构、钢结构安装、高级装饰装修等分部工程；深基坑支护、大型土石方开挖、垂直运输、脚手架、预应力混凝土、特大构件吊装等分项工程）以及专项工程（如深基坑开挖、土壁支护、地下降水、模板工程、脚手架工程等）为编制对象编制的，是对施工组织设计的细化和补充，用以指导其施工活动的技术文件。其内容详细、具体，可操作性强，是直接指导施工作业的依据。

1.3.2　施工组织设计的作用

投标施工组织设计的主要作用是指导工程投标与签订工程承包合同，并作为投标书的一项重要内容（技术标）和合同文件的一部分。实践证明，在工程投标阶段编好施工组织设计，充分反映施工企业的综合实力，是实现中标、提高市场竞争力的重要途径。

实施性施工组织设计是进行施工准备，规划、协调、指导工程项目全部施工活动的全局性的技术经济文件。其主要作用是指导施工准备工作和施工全过程的进行。主要体现在：可以统一规划和协调复杂的施工活动，保证施工有条不紊地进行；能够使施工人员心中有数，工作处于主动地位；能够对施工进度、质量、成本、技术与安全实施控制，实现对施工全过程进行科学管理的目的。实践证明，编制好施工组织设计是实现科学管理、提高工程质量、降低工程成本、加快工程进度、预防安全事故的可靠保证。

1.3.3　施工组织设计的内容

施工组织设计的种类不同，其编制的内容也有所差异。但都要根据编制的目的与实际需要，结合工程对象的特点、施工条件和技术水平进行综合考虑，做到切实可行、经济合理。各种施工组织设计中，主要内容包含以下几个方面。

1. 工程概况

工程概况是概括地说明工程的性质、规模，建设地点，结构特点，建筑面积，施工期限，合同的要求；本地区地形、地质、水文和气象情况；施工力量；劳动力、机具、材料、构件等供应情况；施工环境及施工条件等。

2. 施工部署

施工部署是对项目实施过程做出的统筹规划和全面安排，包括项目施工主要目标、施工顺序及空间组织、施工组织安排等。它是施工组织设计的纲领性内容，施工进度计划、施工准备与资源配置计划、施工方法、施工现场平面布置和主要施工管理计划等施工组织设计的组成内容都需围绕施工部署的原则编制。

3. 施工进度计划

施工进度计划反映了最佳施工方案在时间上的安排。确定出合理可行的计划工期，并使工期、成本、资源等通过计算和调整达到优化配置，符合目标的要求；使工程有序地进行，做到连续和均衡施工。

4. 施工准备与资源配置计划

施工准备是制定施工前在技术、现场和资金等方面的工作安排，资源配置计划是对所需劳动力和物资的规格、数量、日期方面做出的统计安排。科学合理的准备与资源配置计划，既可保证工程建设的顺利进行，又可降低工程成本。

5. 施工方案或方法

施工方案或方法是确定主要施工过程的施工方法、施工机械、工艺流程、组织措施等。它直接影响着施工进度、质量、安全以及工程成本，同时也为技术和资源的准备、各种计划的制定及合理布置现场提供依据。因此，要遵循先进性、可行性、安全性和经济性兼顾的原则，结合工程实际，拟定可行的几种方案或方法，进行定性、定量分析，通过技术经济评价，择优选用。

6. 施工现场平面布置

施工现场平面布置是施工方案及进度计划在空间上的全面安排。它是把投入的各种资源：材料、机具、设备、构件、道路、水电网路和生产、生活临时设施等，合理地排布在施工场地上，使整个现场能井然有序、方便高效、确保安全，能实现文明施工。

7. 管理计划

管理计划主要包括保证工程进度、质量、安全、成本节约以及环境保护等方面的计划或措施。可单独成章，也可穿插在施工组织设计的相应章节中。

1.3.4　施工组织设计的编制与审批

1. 投标施工组织设计的编制

投标施工组织设计的编制质量对能否中标具有重要意义，编制时要积极响应招标书的要求，明确提出对工程质量和工期的承诺以及实现承诺的方法和措施。其中，施工方案要先进、合理，针对性、可行性强；进度计划和保证措施要合理可靠，质量措施和安全措施要严谨、有针对性；主要劳动力、材料、机具、设备计划应合理；项目主要管理人员的资质和数量要满足施工需要，管理手段、经验和声誉状况等要适度表现。

2. 实施性施工组织设计的编制

1）编制方法

（1）对实行总包和分包的工程，由总包单位负责编制施工组织设计，分包单位在总包单位的总体部署下，负责编制所分包工程的施工组织设计或施工方案。

（2）负责编制施工组织设计的单位要确定主持人和编制人，并召开由业主、设计单位及施工分包单位参加的设计要求和施工条件交底会。根据合同工期要求、资源状况及有关的规定等问题进行广泛认真的讨论,拟定主要部署,形成初步方案。

(3) 对构造复杂、施工难度大以及采用新工艺和新技术的工程项目,要进行专业性的研究,组织专门会议,邀请有经验的人员参加,集中群众智慧,为施工组织设计的编制和实施打下坚实的群众基础。

(4) 要充分发挥各职能部门的作用,吸收他们参加施工组织设计的编制和审定,以发挥企业整体优势,合理地进行交叉配合的程序设计。

(5) 在较完整的施工组织设计方案提出之后,要组织参编人员及单位进行讨论,逐项逐条地研究、修改,确定后形成正式文件,送主管部门审批。

2) 编制要求

编制施工组织设计必须在充分研究工程的客观情况和施工特点的基础上,根据合同文件的要求,并结合本企业的技术、管理水平和装备水平,从人力、财力、材料、机具和施工方法5个环节入手,进行统筹规划、合理安排、科学组织,充分利用时间和空间,力争以最少的投入取得产品质量好、成本低、工期短、效益好、业主满意的最佳效果。在编制时应做到以下几点:

(1) 方案先进、可靠、合理、针对性强,符合有关规定。如施工方法是否先进,工期上、技术上是否可靠,施工顺序是否合理,是否考虑了必要的技术间歇,施工方法与措施是否切合本工程的实际情况,是否符合技术规范要求等。

(2) 内容繁简适度。施工组织设计的内容不可能面面俱到,要有侧重点。对简单、熟悉的施工工艺不必详细阐述,而对那些高、新、难的施工内容,则应较详细地阐述施工方法并制定有效措施,做到详略并举,因需制宜。

(3) 突出重点,抓住关键。对工程上的技术难点、协调及管理上的薄弱环节、质量及进度控制上的关键部位等应重点编写,做到有的放矢,注重实效。

(4) 留有余地,利于调整。要考虑到各种干扰因素对施工组织设计实施的影响,编制时应适当留出更改和调整的余地,以达到能够继续指导施工的目的。

3. 施工组织设计的审批

施工组织设计编制后,应履行审核、审批手续。施工组织总设计应由建设单位或被委托承包单位的技术负责人审批,经总监理工程师审查后实施;单位工程施工组织设计应由承包单位技术负责人审批,经总监理工程师审查后实施;分部(分项)或专项工程施工方案应由项目技术负责人审批,经监理工程师审查后实施。

对基坑支护与降水、土方开挖、模板工程、起重吊装、脚手架拆除、爆破、建筑幕墙的安装、预应力结构张拉、隧道工程、桥梁工程施工等危险性较大的分部(分项)工程,所编制的安全专项施工方案,应由承包单位的专业技术人员及专业监理工程师进行审核,承包单位技术负责人和总监理工程师签字后实施。其中深基坑工程(深度 5m 以上或地质条件和周围环境及地下管线复杂),地下暗挖工程,高大模板工程(水平构件模板支撑系统高度超过 8m,或跨度超过 18m,施工总荷载大于 $10kN/m^2$ 或集中线荷载大于 $15kN/m$),30m 及以上高空作业的工程,深水作业工程,爆破工程等,承包单位还应在审签前组织不少于 5 人的专家组,对施工方案进行论证审查。

1.3.5　施工组织设计的贯彻、检查与调整

施工组织设计的编制只是为实施拟建工程施工提供了一个可行的理想方案,要使这个方案得以实现,必须在施工实践中认真贯彻、执行施工组织设计。因此,要在开工前组织有关人员熟悉和掌握施工组织设计的内容,逐级进行交底,提出对策措施,保证其贯彻执行;要建立和完善各项管理制度,明确各部门的职责范围,保证施工组织设计的顺利实施;要加强动态管理,及时处理和解决施工中的突发事件和主要矛盾;要经常对施工组织设计执行情况进行检查,必要时进行调整和补充,以适应变化的、动态的施工活动的需要,保证控制目标的实现。

施工组织设计的贯彻、检查和调整,是一项经常性的工作,必须随着工程的进展不断地反复进行,并贯穿于拟建工程项目施工活动的始终。

1.4　组织施工的原则

在编制施工组织设计及组织工程项目施工时,应遵循以下几项基本原则。

1. 认真贯彻国家的建设法规和制度,严格执行建设程序

国家有关建设的法律法规是规范建筑活动的准绳,在改革与管理实践中逐步建立和完善的施工许可制度、从业资格管理制度,招标投标制度、总承包制度、发承包合同制度、工程监理制度、建筑安全生产管理制度、工程质量责任制度、竣工验收制度等是规范建筑行业的重要保证,这对建立和完善建筑市场的运行机制,加强建筑活动的实施与管理,提供了重要的方法和依据。因此,在进行施工组织时,必须认真地学习,充分理解并严格贯彻执行。

建设程序,是指建设项目从决策、设计、施工到竣工验收整个建设过程中各个阶段的顺序关系。不同阶段具有不同的内容,各阶段之间又有着不可分割的联系,既不能相互替代,也不许颠倒或跳越。坚持建设程序,工程建设就能顺利地进行,就能充分发挥投资的经济效益;反之,违背了建设程序,就会造成混乱,影响质量、进度和成本,甚至对工程建设带来严重的危害。

2. 遵循施工工艺和技术规律,合理安排施工程序和顺序

施工展开程序和施工顺序,是指各分部工程或各分项工程之间先后进行的次序,它是建筑工程产品生产过程中阶段性的固有规律。由于建筑工程产品的生产活动是在同一场地上进行,一般情况下,前面的工作不完成,后面的工作就不能开始。但在空间上可组织立体交叉、搭接施工,这是组织管理者在遵循客观规律的基础上,争取时间、减少消耗的主要体现。

虽然施工展开程序和施工顺序是随着工程项目的规模、施工条件和建设要求的不同而有所不同,但其遵循共同的客观规律。建筑施工时,常采用"先准备,后施工","先地下,后地上","先结构,后围护","先主体,后装饰","先土建,后设备"的展开程序。又如,在混凝土柱这一分项工程中,施工顺序是扎筋→支模→浇筑混凝土。其中任何一道工序都不能颠倒或省略,这不仅是施工工艺的要求,也是保证质量的要求。

3．采用流水作业法和网络计划组织施工

流水作业法是组织建筑工程施工的有效方法，可使施工连续、均衡、有节奏地进行，以达到合理使用资源，充分利用空间和时间的目的。网络计划是计划管理的科学方法，具有逻辑严密、层次清晰、关键问题明确，可进行计划优化、控制和调整，有利于计算机在计划管理中应用等优点。因而，在组织施工时应尽量采用。

4．科学地安排冬雨季施工项目，确保全年生产的连续性和均衡性

为了确保全年连续、均衡地施工，并保证质量和安全，节约工程费用，在组织施工时，应充分了解当地的气象条件和水文地质条件。尽量避免把土方工程、地下工程、水下工程安排在雨季和洪水期施工，避免把防水工程、外装饰工程安排在冬季施工；高空作业、结构吊装则应避免在雷暴季节、大风季节施工。对那些必须在冬雨季施工的项目，应采取相应的技术措施，以确保工程质量和施工安全。

5．贯彻工厂预制和现场预制相结合的方针，提高建筑工业化程度

建筑工业化的一个重要前提条件是广泛采用预制装配式构件。在拟定构件预制方案时，应贯彻工厂预制和现场预制相结合的方针，把受运输和起重设备限制的大型、重型构件放在现场预制；将大量的中小型构件交由工厂预制。这样，既可发挥工厂批量生产的优势，又可解决受运输、起重设备限制的主要矛盾。

6．充分发挥机械效能，提高机械化程度

机械化施工可加快工程进度，减轻劳动强度，提高劳动生产率。为此，在选择施工机械时，应考虑能充分发挥机械的效能，并使主导工程的大型机械（如土方机械、吊装机械）能连续作业，以减少机械费用；同时，还应采取大型机械与中小型机械相结合、机械化与半机械化相结合、扩大机械化施工范围、实现综合机械化等方法，以提高机械化施工程度。

7．尽量采用国内外先进的施工技术和科学管理方法

先进的施工技术和科学的管理方法相结合，是保证工程质量，加速工程进度，降低工程成本，促进技术进步，提高企业素质的重要途径。因此，在编制施工组织设计及组织工程实施中，应尽可能采用新技术、新工艺、新材料、新设备和科学的管理方法。

8．合理地布置施工现场，尽可能地减少暂设工程

精心地规划、合理地布置施工现场，是提高施工效率、节约施工用地、实现文明施工、确保安全生产的重要环节。尽量利用原有建筑物、已有设施、正式工程、地方资源为施工服务，是减少暂设工程费用、降低工程成本的重要途径。

习题

1．土木工程的产品及其生产的特点有哪些？
2．基本建设程序分为哪几个步骤？
3．什么叫建设项目、单项工程、单位工程？
4．施工程序分为哪几个步骤？
5．施工准备工作包括哪些内容？

6. 施工组织设计分为哪些种类？主要包括哪些内容？

7. 施工组织设计的编制要求有哪些？

8. 哪些工程须要编制施工组织总设计，哪些工程须要编制安全专项方案并组织专家论证？

9. 试述编制施工组织设计或组织工程项目施工应遵循的原则。

第 2 章

流水施工方法

本章学习要求：了解流水施工的特点，掌握流水施工基本参数的概念，熟悉流水施工参数的确定方法，掌握组织流水施工的步骤与方法。

本章学习重点：流水施工参数的概念与确定方法；全等节拍流水、成倍节拍流水、分别流水的特点；全等节拍流水、成倍节拍流水、分别流水法的组织步骤与方法。

流水作业是一种科学、有效的组织产品生产的方法，它能使生产过程连续、均衡并有节奏地进行，因而在国民经济各个生产领域得到广泛应用。土木工程施工采用流水作业（即流水施工），是将工程项目划分为若干施工区域（称为施工段或流水段），组织相应的专业施工队，按照一定的施工先后顺序及时间间隔，依次投入到工作性质相同的施工区域连续工作的一种施工组织方法。对缩短建造工期、降低工程造价、提高工程质量有显著的作用。

土木工程中有大量的工作面可以利用，为流水施工创造了有利的条件；但由于施工内容繁杂、各施工过程相互间的干扰较大，这就要求有较高的流水施工组织水平。本章主要讨论流水施工的基本概念、基本参数和组织方法，为学者在施工中灵活运用打下基础。

2.1 流水施工的基本概念

2.1.1 施工组织的 3 种方式

施工的组织方式有依次施工、平行施工和流水施工等。举例如下：

【例 2-1】 某工程项目有 A、B、C 3 栋相同的房屋基础施工（主要工序包括开挖基槽、砌砖基础、回填基槽），每栋的施工过程、工程量、劳动量及人员和时间的安排如表 2-1 所示。

表 2-1　某工程一栋房屋基础施工的有关参数

施工过程	工程量/m³	产量定额/(m³/工日)	劳动量/工日	班组人数/人	施工天数/d	工种
挖基槽	800	8	100	10	10	普工
砌砖基础	180	1.2	150	15	10	瓦工
回填基槽	720	6	120	12	10	灰土工

当采用不同的施工组织方式时,其施工进度、总工期及表示资源需求状况的劳动力动态曲线见图 2-1。各种组织方式的形式、特点及适用范围如下所述。

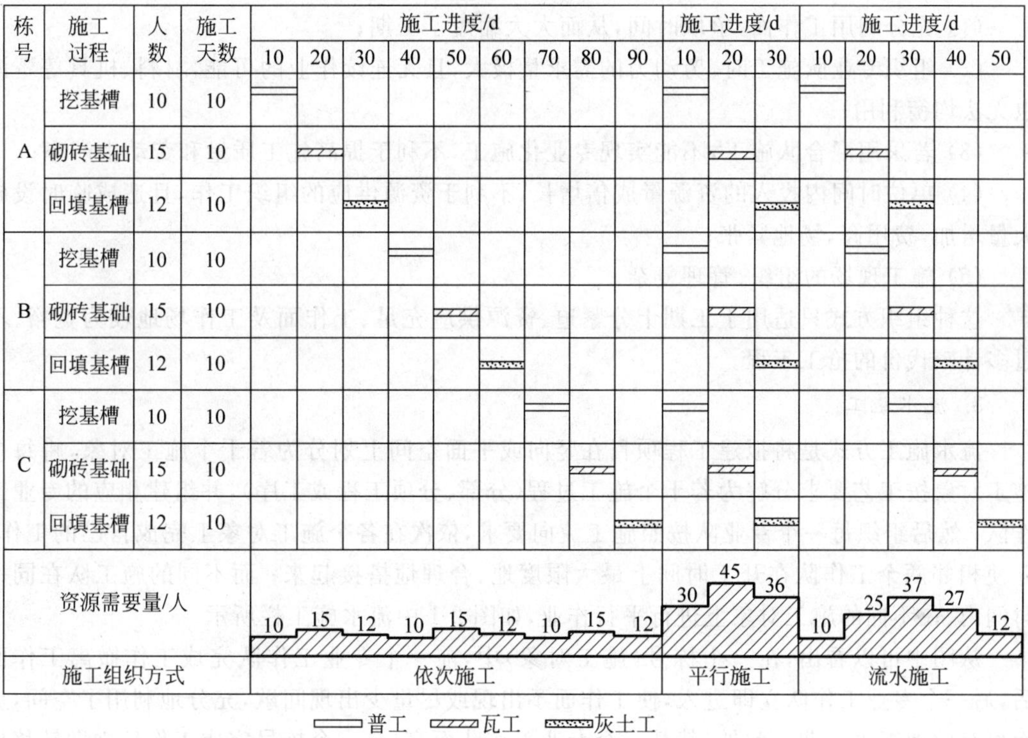

图 2-1　3 种施工组织方式比较图

1. 依次施工

依次施工也称顺序施工,是将拟建项目的整个建造过程分解为若干个施工过程,按照工艺顺序逐项施工;一个施工对象完成后再按同样的顺序完成下一个施工对象,即各施工对象依次进行,如图 2-1 中依次施工栏。

依次施工是一种最基本的、最原始的施工组织方式,具有以下特点:

(1) 由于未能充分利用工作面去争取时间,导致工期过长;

(2) 采用专业工作队施工时,各专业工作队不能连续作业,造成窝工现象,使劳动力及施工机具等资源均不能充分利用;

(3) 若采用一个工作队完成全部施工任务,则不能实现专业化施工,不利于提高劳动生产率和施工质量;

(4) 单位时间内投入的劳动力、材料及施工机具等资源量较少,有利于资源供应的组织；

(5) 施工现场的组织、管理比较简单。

因此，依次施工方式仅适用于施工场地小、资源供应不足、工期要求不紧的情况下，组织由所需各个专业工种构成的混合工作队施工。

2. 平行施工

平行施工是对各个施工对象的几个相同的施工过程，分别组织几个相同的工作队，在同一时间、不同的空间上同时进行施工。即将几个施工对象同时开工，平行地进行施工，如图 2-1 中平行施工栏所示。这种组织方式的特点如下所述：

(1) 充分利用工作面，争取时间，从而大大缩短了工期；

(2) 组织专业队施工时，劳动力的需求量极大，且无连续作业的可能，材料、机具等资源也无法均衡利用；

(3) 若采用混合队施工，不能实现专业化施工，不利于提高施工质量和劳动生产率；

(4) 单位时间内投入的资源量成倍增长，不利于资源供应的组织工作，且造成临时设施大量增加，费用高，场地紧张；

(5) 施工现场的组织、管理复杂。

这种组织方式只适用于工期十分紧迫、资源供应充足、工作面及工作场地较为宽裕、不过多计较代价的抢工工程。

3. 流水施工

流水施工方式是将拟建工程项目在竖向或平面空间上划分为若干个施工对象，将每个施工对象按工艺要求分解为若干个施工过程（分部、分项工程或工序），并组建相应的专业工作队；然后组织每一个专业队按照施工流向要求，依次在各个施工对象上完成自己的工作；并使相邻两个工作队在开工时间上最大限度地、合理地搭接起来；而不同的施工队在同一时间内、在不同的施工对象上进行平行作业，如图 2-1 中流水施工栏所示。

从图中可以看出，在一个栋号（施工对象）中，前一个专业工作队完成工作撤离工作面后，后一个专业工作队立即进入，使工作面不出现或尽量少出现间歇，充分地利用了空间，从而可有效地缩短工期。此外，就某一个专业工作队而言，在一个栋号完成工作后立即转移到另一个栋号，保证了工作的连续性，避免了窝工现象，充分地利用了时间，既有利于缩短工期，又使劳动力得到了合理、充分的利用。图 2-1 中，从第一天初开始，每 10 天有一个栋号开工，从第 30 天末开始每 10 天有一个栋号完工，实现了均衡生产。从劳动力动态曲线可以看出，工程初期劳动力（机具、材料等其他资源）逐渐增加，后期逐渐减少，如果栋号很多，则中期 37 人的状态将保持很长时间，即资源投入保持均衡。也就是说，在正常情况下，每 10 天供应一个栋号的全部材料、机具、劳动力等资源。

流水施工具有以下特点：

(1) 尽可能地利用工作面和人员，争取了时间，使得工期较短；

(2) 各工作队实现了专业化施工，有利于提高劳动生产率和工程质量；

(3) 各专业工作队能够连续施工，避免了窝工现象；

(4) 单位时间内投入的劳动力、施工机具、材料等资源量较均衡，有利于资源供应的组织；

(5) 为现场文明施工和科学管理创造了有利条件。

由以上特点不难看出,流水施工能充分利用时间和空间,实现连续、均衡的生产。因而得到了广泛的应用。

2.1.2 流水施工的技术经济效果

通过上述的比较可以看出,流水施工在工艺划分、时间安排和空间布置上都体现出了科学性、先进性和合理性。因此它具有显著的技术经济效果,主要体现在以下几点:

(1)工作队及工人实现了专业化生产,有利于提高技术水平、有利于技术革新,从而有利于保证施工质量,减少返工浪费和维修费用。

(2)工人实现了连续性单一作业,便于改善劳动组织、操作技术和施工机具,增加熟练技巧,有利于提高劳动生产率(一般可提高 30%~50%),加快施工进度。

(3)由于资源消耗均衡,避免了高峰现象,有利于资源的供应与充分利用,减少现场暂设工程,从而可有效地降低工程成本(一般可降低 6%~12%)。

(4)施工具有节奏性、均衡性和连续性,减少了施工间歇,从而可缩短工期(比依次施工工期缩短 30%~50%),尽早发挥工程项目的投资效益。

(5)施工机械、设备和劳动力可以得到合理、充分地利用,减少了浪费,有利于提高承包单位的经济效益。

(6)由于工期短、效率高、用人少、资源消耗均衡,可减少现场管理费和物资消耗,实现合理储存与供应,从而有利于提高综合经济效益。

2.1.3 组织流水施工的步骤

组织流水施工一般按以下步骤进行:

(1)将整个工程按施工阶段分解成若干个施工过程,并组织相应的施工专业工作队(组),使每个施工过程分别由固定的专业工作队负责实施完成。

(2)将建筑物在平面或空间上尽可能地划分为若干个劳动量大致相等的流水段(或称施工段),形成"批量"的假定产品,而每一个段就是一个假定产品。

(3)确定各专业工作队在各段上的工作持续时间,这个持续时间又称为"流水节拍",用工程量、工作效率(或定额)、人数三个因素进行计算或估算。

(4)组织各工作队按一定的施工工艺,配备必要的机具,依次地、连续地由一个流水段转移到另一个流水段,反复地完成同类工作。

(5)组织不同的工作队在完成各自施工过程的时间上适当地搭接起来,使得各个工作队在不同的流水段上同时进行作业。

2.1.4 流水施工的表达方式

流水施工的表达方式主要包括水平图表、垂直图表和网络图 3 种形式。

1. 水平图表

水平图表又称横道图,是表达流水施工最常用的方法。它的左半部分是按照施工的先后顺序排列的施工对象或施工过程；右半部分是施工进度，用水平线段表示工作的持续时间，线段上标注工作内容或施工对象。如某项目有 A、B、C、D 四栋房屋的吊顶工程，其流水施工的横道图表达形式见图 2-2 和图 2-3。

栋号	施工进度/d													
	4	8	12	16	20	24	28	32	36	40	44	48	52	56
A	打吊杆		架龙骨				安面板							
B		打吊杆		架龙骨				安面板						
C			打吊杆			架龙骨			安面板					
D				打吊杆					架龙骨			安面板		

图 2-2　横道图一（进度线上标注工作内容）

施工过程	施工进度/d													
	4	8	12	16	20	24	28	32	36	40	44	48	52	56
打吊杆	A		B	C		D								
架龙骨			A		B		C		D					
安面板							A		B	C		D		

图 2-3　横道图二（进度线上标注施工对象）

2. 垂直图表

垂直图表也称垂直图，如图 2-4 所示。横坐标表示流水施工的持续时间，纵坐标表示施工对象或施工段的编号。每条斜线段表示一个施工过程或专业队的施工进度，其斜率不同表达了进展速度的差异。垂直图表一般只用于表达各项工作连续作业状况的施工进度计划。

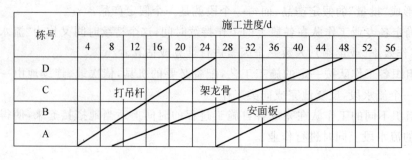

栋号	施工进度/d													
	4	8	12	16	20	24	28	32	36	40	44	48	52	56
D														
C		打吊杆					架龙骨							
B							安面板							
A														

图 2-4　垂直图

3. 网络图

流水施工的网络图表达形式详见第 3 章。

2.2　流水施工的参数

在组织流水施工时,用以表达流水施工在施工工艺、空间布置和时间排列方面开展状态的参量,统称为流水参数。主要包括工艺参数、空间参数和时间参数三大类。

2.2.1　工艺参数

用于表达流水施工在施工工艺上的开展顺序及其特性的参量,均称为工艺参数。包括施工过程数和流水强度两种参数。

1. 施工过程数(n)

施工过程数是流水施工的基本参数之一。施工过程数的多少,应依据工程性质与复杂程度、进度计划的类型、施工方案、施工队(组)的组织形式等确定。在划分施工过程时,其数量不宜过多,应以主导施工过程为主,力求简捷。对于占用时间很少的施工过程可以忽略;对于工作量较小且由一个专业队组同时或连续施工的几个施工过程可合并为一项,以便于组织流水。

划分施工过程后要组织相应的专业施工队组。通常一个施工过程由一个专业队独立完成,此时施工过程数(n)和专业队数(n')相等;当几个专业队负责完成一个施工过程或由一个专业队完成几个施工过程时,其施工过程数与专业队数不相等。如安装玻璃、油漆施工可合也可分,因为有的是混合班组,有的是单一工种班组。

2. 流水强度(V)

流水强度是指参与流水施工的某一施工过程在单位时间内所需完成的工程量,又称流水能力或生产能力。如挖土方施工过程的流水强度是指每个工作队需挖的土方量。计算公式如下:

$$V = \sum_{i=1}^{X} R_i S_i \tag{2-1}$$

式中　V——某施工过程的流水强度;

　　　R_i——投入某施工过程的第 i 种资源量(工人数或机械台数);

　　　S_i——某施工过程的第 i 种资源的产量定额;

　　　X——投入某施工过程的资源种类数。

2.2.2　空间参数

在组织流水施工时,用以表达流水施工在空间布置上所处状态的参量,均称为空间参数。它包括工作面、施工层数和施工段数等。

1. 工作面(A)

在组织流水施工时,某专业工种施工时为保证安全生产和有效操作所必须具备的活动空间,称为该工种的工作面。它的大小,应根据该工种工程的计划产量定额、操作规程和安全施工技术规程的要求来确定。工作面确定的合理与否,将直接影响工人的劳动生产效率和施工安全。常见工种工程的工作面见表 2-2。

表 2-2   常见工种工程所需工作面参考数据

工 作 项 目	每个技工的工作面	工 作 项 目	每个技工的工作面
砌砖基础	7.6m/人	卷材屋面	18.5m²/人
砌砖墙	8.5m/人	外墙抹灰	16m²/人
砌框架间空心砖墙	12m/人	内墙抹灰	18.5m²/人
浇筑混凝土柱、墙基础	8m³/人(机拌、机捣)	墙面刮腻子、刷乳胶漆	40m²/人
现浇钢筋混凝土柱	2.45m³/人(机拌、机捣)	贴内外墙面砖	7m²/人
现浇钢筋混凝土梁	3.20m³/人(机拌、机捣)	铺楼地面石材	16m²/人
现浇钢筋混凝土楼板	5m³/人(机拌、机捣)	铝合金、塑料门窗安装	12m²/人

利用工作面的概念可以计算各施工段上容纳的工人数,其计算公式为

施工段上可容纳的工人数 = 最小施工段上的工作面 / 每个工人所需的最小工作面。

2. 施工层数(r)

在组织流水施工时,为了满足结构构造及专业工种对施工工艺和操作高度的要求,需将施工对象在竖向上划分为若干个操作层,这些操作层就称为施工层。施工层的划分,要按施工工艺的具体要求及建筑物、楼层和脚手架的高度来确定。如一般房屋的结构施工、室内抹灰等,可将每一楼层作为一个施工层;对单层厂房的围护墙砌筑、外墙抹灰、外墙面砖等,可将每步架或每个水平分格作为一个施工层。

3. 施工段数(m)

在组织流水施工时,通常把施工对象在平面上划分成劳动量大致相等的若干个区段,这些区段就叫施工段或流水段。施工段的个数是流水施工的基本参数之一。施工段可以是固定的,也可以对不同的阶段或不同的施工过程采用不同的分段位置和段数。但由于固定的施工段便于组织流水施工而应用较广。

1)分段的目的

划分施工段是流水施工的基础。一般情况下,一个施工段内只安排一个施工过程的专业工作队进行施工。只有前一个施工过程的工作队完成了在该段的工作,后一个施工过程的工作队才能进入该段进行作业。由此可见,分段的目的就是要保证各个专业工作队有自己的工作空间,避免工作中的相互干扰,使得各个专业工作队能够同时、在不同的空间上进行平行作业,进而达到缩短工期和充分利用资源的目的。流水段划分形式如图 2-5 所示。

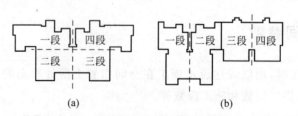

(a)   (b)

图 2-5   某住宅小区 A、B 栋住宅楼结构施工阶段流水段划分示意图

对于竖向分层、平面分段的工程进行流水施工组织时,其总施工段数＝施工层数×每层分段数。例如,一幢 32 层全现浇剪力墙结构住宅楼,其结构层数就是施工层数,每层若分为 4 个施工段,则总的施工段数为 128 段。

2)分段的原则

划分施工段的数目要适当,太多则使每段的工作面过小、影响工作效率或不能充分利用人员和设备而影响工期;太少则难以流水,造成窝工。因此,为了使分段科学合理,应遵循以下原则:

(1)同一专业工作队在各个施工段上的劳动量应大致相等,相差不宜超过 15%,以便于组织等节奏流水。

(2)分段要以主导施工过程为主,段数不宜过多,以免延长工期。

(3)施工段的大小应满足主要施工过程工作队对工作面的要求,以保证施工效率和安全。

(4)分段位置应有利于结构的整体性和装饰装修的外观效果。应尽量利用沉降缝、伸缩缝、防震缝作为分段界线;或者以混凝土施工缝、后浇带,砌体结构的门窗洞口以及装饰的分格、阴角等作为分段界线,以减少留槎,便于连接和修复。

(5)当施工有层间关系,分段又分层时,若要保证各队连续施工,则每层段数(m)应大于或等于施工过程数(n)及施工队组数(n'),以保证施工队能及时向另一层转移。

【例 2-2】　某二层砖混结构的主要施工过程为砌墙、安板,即 $n=n'=2$。在工作面及材料供应充足,人和机械数量不变的情况下,其三种不同分段流水的组织方案见图 2-6。

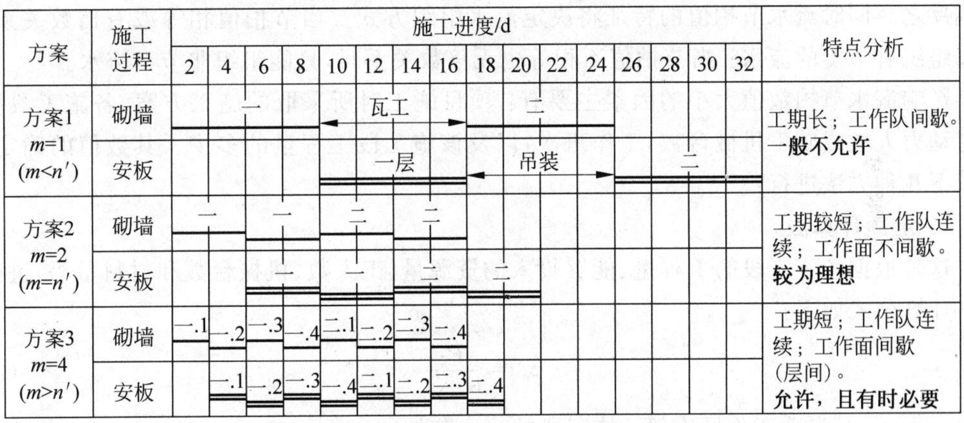

图 2-6　不同分段方案的流水施工状况与特点

方案 1　由于不分段(即每个楼层为一段),在瓦工队完成一层砌墙后,安装队进入该层安装楼板,瓦工队没有工作面只能停歇等待;当二层砌墙时,由于安装队没有工作面而被迫停歇。两个队交替间歇,不但工期延长,而且出现大量的窝工现象。这在工程上一般是不允许的。

方案 2　是将每层分为两个流水段,使得流水段数与施工过程数(或工作队数)相等。在一层 2 段砌墙完成后,安装队也已经完成一层 1 段的楼板安装,瓦工队可随即到二层 1 段砌墙。在工艺允许的情况下,既保证了每个专业工作队连续工作,又使得工作面不出现间歇,也大大缩短了工期。可见这是一个较为理想的方案。

方案 3　是将每个楼层分为四个施工段,既满足了工艺、技术的要求,又保证了每个专业工作队连续作业。但在第一层每段楼板安装后,都因为人员问题未能及时进行上一层相应施工段的墙体砌筑,即每段都出现了施工层之间的工作面间歇。这种工作面的间歇一般不会造成费用增加,而且在某些施工过程中可起到满足技术要求、保证施工质量、利于成品保护的作用。因此,这种间歇不但是允许的,而且有时是必要的。如采用的是现浇混凝土楼板,就必须有足够的间歇时间后,再进行上层墙体施工。

可见,当 $m \geqslant n$ 时,才能保证每个工作队在各层各段都能连续作业。但应注意,m 的值也不能过大,否则会因每段工作面过小,造成材料、人员、机具过于集中,影响效率和效益,且易发生安全事故。

2.2.3　时间参数

在组织流水施工时,用于表达流水施工在时间排列上所处状态的参数,称为时间参数。它包括流水节拍、流水步距、流水工期、搭接时间、技术间歇时间和组织管理间歇时间等。

1. 流水节拍(t)

在组织流水施工时,一个专业工作队在一个施工段上施工作业的持续时间,称为流水节拍。它是流水施工的基本参数之一。

流水节拍的大小,关系着施工人数、机械、材料等资源的投入强度,也决定了工程流水施工的速度、节奏感的强弱和工期的长短。节拍大时工期长,速度慢,资源供应强度小;节拍小则反之。同时流水节拍值的特征将决定流水组织方式。当节拍值相等或有倍数关系时,可以组织有节奏的流水;当节拍值不相等也无倍数关系时,只能组织非节奏流水。

影响流水节拍数值大小的因素主要有:项目施工时所采取的施工方案,各施工段投入的劳动力人数或施工机械台数,工作班次,以及该施工段工程量的多少。其数值的确定,可按以下几种方法进行:

1) 定额计算法

这是根据各施工段的工程量、能够投入的资源量(工人数、机械台数和材料量等)进行计算。计算公式如下:

$$t_i = \frac{P_i}{R_i N_i} \tag{2-2}$$

式中　t_i——某专业工作队在第 i 施工段的流水节拍;

　　　R_i——某专业工作队投入的工作人数或机械台数;

　　　N_i——某专业工作队的工作班次;

　　　P_i——某专业工作队在第 i 施工段的劳动量,工日,或机械台班量,台班,可用下式计算:

$$P_i = \frac{Q_i}{S_i} \quad \text{或} \quad P_i = Q_i \cdot H_i$$

式中　Q_i——某专业工作队在第 i 施工段要完成的工程量;

　　　S_i——某专业工作队的计划产量定额;

　　　H_i——某专业工作队的计划时间定额。

2）工期计算法

对已经确定了工期的工程项目，往往采用倒排进度法。其流水节拍的确定步骤如下：

（1）根据工期要求，按经验或有关资料确定各施工过程的工作持续时间。

（2）据每一施工过程的工作持续时间及施工段数确定出流水节拍。当该施工过程在各段上的工程量大致相等时，其流水节拍可按下式计算：

$$t_i = \frac{T_i}{rm} \tag{2-3}$$

式中　t_i——i 施工过程的流水节拍；

　　　T_i——i 施工过程的工作总持续时间；

　　　r——施工层数；

　　　m——每层的施工段数。

3）经验估算法

它是根据以往的施工经验、结合现有的施工条件进行估算。为了提高其准确程度，往往先估算出该施工过程流水节拍的最长、最短和最可能三种时间，然后采用加权平均的方法，求出较为可行的流水节拍值。这种方法也称为三时估算法，计算公式如下：

$$t = \frac{a + 4c + b}{6} \tag{2-4}$$

式中　t——某施工过程在某施工段上的流水节拍；

　　　a——某施工过程在某施工段上的最短估计时间；

　　　b——某施工过程在某施工段上的最长估计时间；

　　　c——某施工过程在某施工段上的最可能估计时间。

4）确定流水节拍时应注意的问题

（1）确定专业队人数时，应尽可能不改变原有的劳动组织状况，以便领导；且应符合劳动组合要求，即满足进行正常施工所必需的最低限度的班组人数及其合理组合，如班组中技工和普工的合理比例及最少人数，使其具备集体协作的能力。此外还应考虑工作面的限制。

（2）确定机械数量时，应考虑机械设备的供应情况和工作效率及其对场地的要求。

（3）受技术操作或安全质量等方面限制的施工过程（如砌墙受每日施工高度的限制），在确定流水节拍时，应当满足作业时间长度、间歇性或连续性等限制的要求。

（4）必须考虑材料和构配件供应能力和储存条件对施工进度的影响和限制。

（5）根据工期的要求，选取恰当的工作班制。当工期较为宽松，工艺上又无连续施工要求时，可采取一班制；否则，应适当增加班次。

（6）为了便于组织施工、避免工作队转移时浪费工时，流水节拍值最好是半天的整数倍。

2. 流水步距（K）

在组织流水施工时，相邻两个专业工作队在符合施工顺序、满足连续施工、不发生工作面冲突的条件下，相继投入工作的最小时间间隔，称为流水步距。在图 2-6 中，将方案 2 与方案 3 比较可以看出，流水步距的大小直接影响着工期，步距越大则工期越长，反之则工期越短。而步距的长短也与流水节拍有着一定关系。

流水步距的长度,要根据需要及流水方式经计算确定,一般应满足以下基本要求:

(1) 始终保持前、后两个施工过程的合理工艺顺序。

(2) 尽可能保持各施工过程的连续作业。

(3) 使相邻两施工过程在满足连续施工的前提下,在时间上能最大限度地搭接。

3. 流水工期(T)

流水工期是指从第一个专业队投入流水施工开始,到最后一个专业队完成流水施工为止的整个持续时间。由于一项工程往往由许多流水组构成,因此流水工期并非工程的总工期。

4. 间歇时间

组织流水施工时,除要考虑相邻专业工作队之间的流水步距外,有时还需根据技术要求或组织安排,相邻两个施工过程在时间上不能衔接施工而留出必要的等待时间,这个"等待时间"即称为间歇。间歇按其性质不同可分为技术间歇和组织间歇,按其位置不同又可分为施工过程间歇和层间间歇。

(1) 技术间歇时间(S)

由于材料性质或施工工艺的要求所需等待的时间称为技术间歇。如楼板混凝土浇筑后,需养护一定时间才能进行后道工序作业;墙面抹灰后,需经一定干燥和消解时间才能进行涂饰或裱糊;屋面水泥砂浆找平层施工后,需经养护、干燥后方可进行防水卷材的施工等。

(2) 组织间歇时间(G)

由于施工组织、管理方面的原因,要求的等待时间称为组织间歇。如施工人员及机械的转移、砌筑墙身前的弹线、钢筋隐蔽工程验收以及幕墙龙骨安装前进行锚栓拉拔试验等。

(3) 施工过程间歇时间(Z_1)

在同一个施工层内,相邻两个施工过程之间的技术间歇或组织间歇统称为施工过程间歇时间。

(4) 层间间歇时间(Z_2)

在相邻两个施工层之间,前一施工层的最后一个施工过程与后一个施工层相应施工段上的第一个施工过程之间的技术间歇或组织间歇统称为层间间歇。如现浇钢筋混凝土框架结构施工中,当前层某流水段的楼面混凝土浇筑完毕后,需养护一定时间后才能进行上一层同一流水段的柱钢筋绑扎施工。

需要注意的是,在组织流水施工时必须分清该技术间歇或组织间歇是属于施工过程间歇还是属于层间间歇。在划分流水段时,施工过程间歇和层间间歇均需考虑;而在计算工期时,应只考虑施工过程间歇。

5. 搭接时间(C)

在组织流水施工时,有时为了缩短工期,在前一个施工过程的专业队还未撤出某一施工段时,就允许后一个施工过程的专业队提前进入该段施工,两者在同一施工段上同时施工的时间称为搭接时间。如主体结构施工阶段,梁板支模完成一部分后可以提前插入钢筋绑扎工作。

2.3　流水施工的组织方法

根据组织流水施工的工程对象,流水施工可分为分项工程流水、分部工程流水、单位工程流水和群体工程流水。按组织流水的空间特点,可分为流水段法和流水线法。流水段法常用于建筑、桥梁等体型宽大、构造较复杂的工程,而流水线法常用于管线、道路、隧道等体型狭长的工程。按流水节拍的特征,流水施工又可分为有节奏流水和无节奏流水,其中有节奏流水又分为等节奏流水和异节奏流水。

流水施工的基本方式包括全等节拍流水、成倍节拍流水和分别流水等三种,其中前两种属于有节奏流水,而分别流水法属于无节奏流水,如图 2-7 所示。下面分别阐述其组织方法。

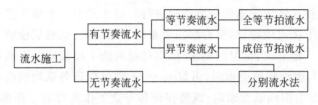

图 2-7　流水施工按节拍特征的分类

2.3.1　全等节拍流水

全等节拍流水也称固定节拍流水。它是在各个施工过程的流水节拍全部相等(为一个固定值)的条件下,组织流水施工的一种方式。这种组织方式使施工活动具有较强的节奏感。

1. 形式与特点

1) 全等节拍流水的形式

如某工程有三个施工过程,分为①～④四个段施工,流水节拍均为 1d。要求乙施工后,各段均需间隔 1d 方允许丙施工。其施工进度表的形式见图 2-8。

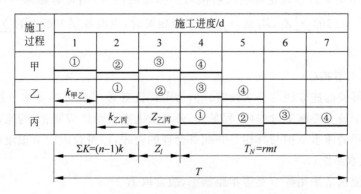

图 2-8　全等节拍流水形式

2）全等节拍流水的特点

（1）流水节拍全部彼此相等，为一常数。

（2）流水步距彼此相等，而且等于流水节拍，即：

$$K_{1,2} = K_{2,3} = \cdots = K_{n-1,n} = K = t（常数）$$

（3）专业工作队总数（n'）等于施工过程数（n）。

（4）每个专业工作队都能够连续施工。

（5）若没有间歇要求，可保证各工作面均不停歇。

2. 组织步骤与方法

1）划分施工过程，组织施工队组（n）

划分施工过程时，应以主导施工过程为主，力求简捷，且对每个施工过程均应组织相应的专业施工队。

2）确定施工段数（m）

分段应根据工程具体情况遵循分段原则进行。对于只有一个施工层或上下层的施工过程之间不存在相互干扰或依赖，即没有层间关系时，只要保证总的层段数等于或多于同时施工的工作队数即可。相反，当有层间关系时，则每层的施工段数应分下面两种情况确定：

（1）当无工艺与组织间歇要求时，可取 $m = n$，即可保证各队均能连续施工。

（2）当有工艺与组织间歇要求时，既要保证各专业工作队都有工作面而能连续施工，又要留出间歇的工作面，故应取 $m > n$。此时每层有 $m - n$ 个施工段空闲，由于流水节拍为 t，则每层的空闲时间为 $(m-n)t = (m-n)K$。令一个楼层（或施工层）内各施工过程的工艺、组织间歇时间之和为 $\sum Z_1$，楼层（或施工层）之间的工艺、组织间歇时间为 Z_2，且施工段上除 $\sum Z_1$ 和 Z_2 外无空闲，则：$(m-n)K = \sum Z_1 + Z_2$。

当专业工作队之间允许搭接时，可以减少工作面数量。如每层内各施工过程之间的搭接时间总和为 $\sum C$，则：$(m-n)K = -\sum C$。

所以，每层的施工段数 m 的最小值可按下式确定：

$$m = n + \frac{\sum Z_1}{K} + \frac{Z_2}{K} - \frac{\sum C}{K} \qquad (2\text{-}5)$$

为了便于流水安排并满足间歇或搭接对工作面的需求，当计算结果有小数时，应只入不舍取整数；当每层的 $\sum Z_1$、Z_2 或 $\sum C$ 不完全相等时，应取各层中最大的 $\sum Z_1$、Z_2 和最小的 $\sum C$ 进行计算。

3）确定流水节拍（t）

流水节拍可按前述方法与要求确定。但为了保证各施工过程的流水节拍全部相等，必须先确定出一个最主要施工过程（工程量大、劳动量大或资源供应紧张）的流水节拍 t_i，然后令其他施工过程的流水节拍与其相等并配备合理的资源，以符合固定节拍流水的条件。

4）确定流水步距（K）

全等节拍流水常采用等节奏等步距施工，故常取 $K = t$。

5）计算流水工期（T）

由图 2-8 并考虑间歇与搭接，可得出全等节拍流水施工的工期为

$$T = \sum K + T_N = (n-1)K + rmt + \sum Z_1 - \sum C, 而 K = t, 所以:$$

$$T = (rm + n - 1)K + \sum Z_1 - \sum C \tag{2-6}$$

式中 $\sum K$ —— 流水步距的总和;

        T_N —— 最后一个施工队的工作持续时间;

        $\sum Z_1$ —— 各相邻施工过程间的间歇时间之和;

        $\sum C$ —— 各相邻施工过程间的搭接时间之和;

        r —— 施工层数。

6)绘制进度计划表

3. 应用举例

【例 2-3】 某装饰装修工程为两层,采取由上至下的流向施工,整个工程的数据见表 2-3。若限定流水节拍不得少于 3d,油工最多只有 15 人,抹灰后需间歇 4d 方准许安门窗。试组织全等节拍流水。

表 2-3   某装饰装修工程的主要施工过程与数据

施工过程	工程量	产量定额/工日	劳动量/工日
砌筑隔墙	300m³	1m³	300
室内抹灰	9000m²	15m²	600
安塑钢门窗	2400m²	6m²	400
顶、墙涂料	10000m²	20m²	500

【解】

(1)确定每层段数 m

该工程虽非单层,但施工过程并无层间依赖或干扰关系,每层施工段数可大于、小于或等于施工过程数。故考虑工期要求、工作面情况及资源供应状况等因素,每层分为 5 个流水段,即 $m = 5$。

顶、墙涂料每段劳动量为 $P_{涂} = 500/(2 \times 5) = 50$ 工日。

其余各施工过程每段劳动量见表 2-4。

(2)确定流水节拍

由于油工数量有限,最多只有 15 人,故顶、墙涂料为主要施工过程。其流水节拍为

$$t_{涂} = 50/15 = 3.33, 取 t_{涂} = 4d > 3d, 满足要求$$

实际需要油工人数:$R_{涂} = 50/4 = 12.5$,取 13 人,其他工种配备人数见表 2-4。

表 2-4   各施工过程流水节拍及工种人数配备计算表

施工过程	总劳动量/工日	每段劳动量/工日	节拍	人数
砌筑隔墙	300	30	4	8
室内抹灰	600	60	4	15
安塑钢门窗	400	40	4	10
顶、墙涂料	500	50	4	13

(3)确定流水步距

$$取 K = t = 4d$$

（4）计算流水工期 T

$$T = (rm + n - 1)K + \sum Z_1 - \sum C = (2 \times 5 + 4 - 1) \times 4 + 4 - 0 = 56\text{d}$$

（5）绘制施工进度表：见图2-9。

施工过程	施工进度/d													
	4	8	12	16	20	24	28	32	36	40	44	48	52	56
砌筑隔墙	二、①	二、②	二、③	二、④	二、⑤	一、①	一、②	一、③	一、④	一、⑤				
室内抹灰	$K{=}4$	二、①	二、②	二、③	二、④	二、⑤	一、①	一、②	一、③	一、④	一、⑤			
安塑钢门窗		$K{=}4$	$Z_1{=}4$	二、①	二、②	二、③	二、④	二、⑤	一、①	一、②	一、③	一、④	一、⑤	
顶、墙涂料				$K{=}4$	二、①	二、②	二、③	二、④	二、⑤	一、①	一、②	一、③	一、④	一、⑤

图 2-9　全等节拍流水施工进度表

【例 2-4】　某工程共有两个施工层，按施工顺序分为甲、乙、丙三个施工过程，每个施工过程配备一个工作队。流水节拍确定为2d。要求甲施工后需经2d检查验收乙方可进行施工，且第一层施工后需间歇1d以上方可进行第二层施工。试组织全等节拍流水施工并绘制流水进度表。

【解】　由题知流水节拍 $t = 2\text{d}$，施工层数 $r = 2$ 层，施工过程数 $n = 3$ 个，层间间歇时间 $Z_2 = 1\text{d}$，层内施工过程间歇时间总和 $\sum Z_1 = 2\text{d}$，层内各施工过程之间无搭接时间（$\sum C = 0$）。

（1）确定流水步距 K

取 $K = t = 2\text{d}$。

（2）确定每个施工层的流水段数 m

$$m = n + (Z_2/K) + \left(\sum Z_1/K\right) - \left(\sum C/K\right)$$
$$= 3 + (1/2) + (2/2) - 0 = 4.5(\text{段})，取 5 段。$$

（3）计算流水工期 T

$$T = (rm + n - 1)K + \sum Z_1 - \sum C$$
$$= (2 \times 5 + 3 - 1) \times 2 + 2 - 0 = 26\text{d}。$$

（4）绘制施工进度表，见图2-10。

施工过程	施工进度/d												
	2	4	6	8	10	12	14	16	18	20	22	24	26
甲	I-1	I-2	I-3	I-4	I-5	II-1	II-2	II-3	II-4	II-5			
乙	$K{=}2$	$Z_1{=}2$	I-1	I-2	I-3	I-4	I-5	II-1	II-2	II-3	II-4	II-5	
丙			$K{=}2$	I-1	I-2	I-3	I-4	I-5	II-1	II-2	II-3	II-4	II-5

图 2-10　全等节拍流水施工进度表

由图 2-10 中可以看出,层间间歇实为 2d。其原因是施工段数取值大于计算值所致。

2.3.2　成倍节拍流水

在进行全等节拍流水设计时,可能遇到下列问题:非主要施工过程所需要的人数或机械设备台数超出工作面允许容纳量;人数不符合最小劳动组合要求;施工过程的工艺对流水节拍有限制等。这时,只能按其要求和限制来调整这些施工过程的流水节拍。这就可能出现同一个施工过程的节拍全都相等,而各施工过程之间的节拍虽然不等,但同为某一常数的倍数,从而构成了组织成倍节拍流水的条件。

1. 形式与特点

1) 成倍节拍流水的形式

【例 2-5】　某二层砖混结构施工,划分为砌墙、楼板施工(包括安装楼板及板缝处理等)两个主要施工过程,拟组织瓦工队和安装队进行流水施工。考虑砌墙的技术要求,流水节拍定为 2d;楼板施工的流水节拍为 1d。在工作面足够,总的人员数不变的条件下,分段流水的组织方案及效果见图 2-11 和表 2-5。

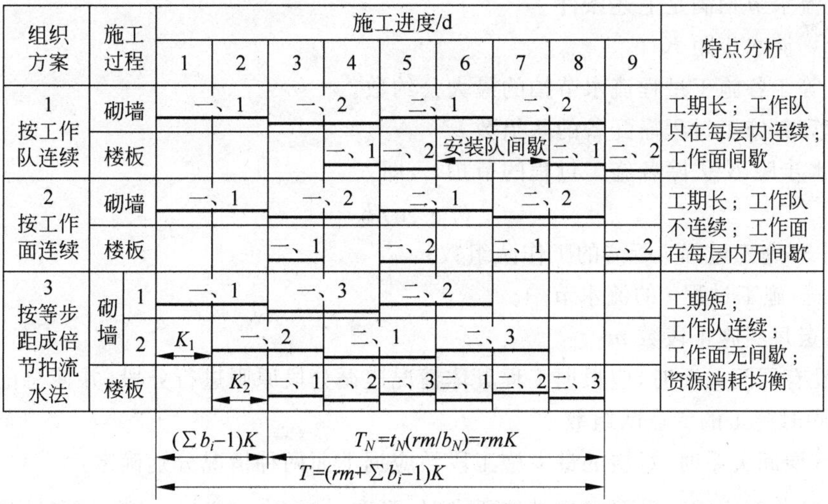

图 2-11　成倍节拍流水施工的形式与特点

表 2-5　3 种组织方案的劳动力数量表

方案	施工过程	劳动量/工日	施工队	作业时间/d	人数	人数合计
1	砌墙	240	瓦工	8	30	60
	楼板	120	安装工	4	30	
2	砌墙	240	瓦工	8	30	60
	楼板	120	安装工	4	30	
3	砌墙	240	瓦工 1 队	6	20	60
			瓦工 2 队	6	20	
	楼板	120	安装工	6	20	

由图 2-11 和表 2-5 可以看出,当施工过程间的节拍不等、但同为某一常数的倍数时,如果按照工作队或工作面连续去组织流水施工,不但工期较长,而且出现不必要的工作面或工作队间歇,均不够理想。如果采用等步距成倍节拍流水的组织方案,通过调整施工组织结构(将瓦工由一个施工队增加为两个),在工作面足够、作业总人数不变或基本不变的情况下,可取得工期最短、步距相等、工作队和工作面都能连续的类似于全等节拍流水的较好效果。这里,我们主要讨论这种等步距的成倍节拍流水。

2) 成倍节拍流水的特点

成倍节拍流水具有以下特点:

(1) 同一个施工过程的流水节拍均相等,而各施工过程之间的节拍不等,但同为某一常数的倍数。

(2) 流水步距彼此相等,且等于各施工过程流水节拍的最大公约数。

(3) 工作队数(n')多于施工过程数(n)。

(4) 每个专业工作队都能够连续施工。

(5) 若没有间歇要求,可保证各工作面均不停歇。

2. 组织步骤与方法

1) 使流水节拍满足上述条件

2) 计算流水步距 K

取 K 等于各施工过程流水节拍的最大公约数。

3) 计算各施工过程需配备的队组数 b_i

用流水步距 K 去除各施工过程的节拍 t_i,即

$$b_i = t_i / K \tag{2-7}$$

式中　b_i——施工过程 i 所需的工作队组数;

　　　t_i——施工过程 i 的流水节拍。

4) 确定每层施工段数 m

(1) 没有层间关系时,应根据工程具体情况遵循分段原则进行分段,并使总的层段数等于或多于同时施工的专业队组数。

(2) 有层间关系时,每层的最少施工段数应据下面两种情况分别确定:

① 无工艺与组织间歇要求或搭接要求时,可取 $m = n' = \sum b_i$,以保证各队组均有自己的工作面。

② 有工艺与组织间歇要求或搭接要求时

$$m = \sum b_i + \frac{\sum Z_1}{K} + \frac{Z_2}{K} - \frac{\sum C}{K} \tag{2-8}$$

式中　$\sum b$——施工队组数总和;

　　　Z_1——相邻两施工过程间的间歇时间(包括技术性的、组织性的);

　　　Z_2——层间的间歇时间(包括技术性的、组织性的);

　　　C——相邻两施工过程间的搭接时间。

当计算出的流水段数有小数时,应只入不舍取整数,以保证足够的间歇时间;当各施工层间的 $\sum Z_1$ 或 Z_2 不完全相等时,应取各层中的最大值进行计算。

5）计算计划工期 T

$$T = \sum K + T_N + \sum Z_1 - \sum C = \left(rm + \sum b_i - 1\right) K + \sum Z_1 - \sum C \qquad (2\text{-}9)$$

式中符号同前。

6）绘制施工进度表

见图 2-11 中方案 3。

3. 应用举例

【例 2-6】 某构件预制工程有扎筋、支模、浇筑混凝土三个施工过程，分两层叠浇。各施工过程的流水节拍确定为 $t_筋 = 4d, t_模 = 4d, t_混 = 2d$。要求底层构件混凝土浇筑后，需养护 2d，才能进行第二层的施工。在保证各专业工作队连续施工的条件下，求每层施工段数，并编制流水施工方案。

【解】 由题知绑钢筋、支模板、浇筑混凝土的节拍分别为 $t_筋 = 4d, t_模 = 4d, t_混 = 2d$；施工层数 $r = 2$，层间工艺间歇 $Z_2 = 2d$，无施工过程间歇（$Z_1 = 0$），层内各施工过程之间无搭接时间（$\sum C = 0$）。

① 确定流水步距 K

取各施工过程流水节拍的最大公约数，即 $K = 2d$

② 确定各施工队组数 b_i

$$扎筋：b_钢 = t_钢/K = 4/2 = 2（个）；$$
$$支模：b_模 = t_模/K = 4/2 = 2（个）；$$
$$浇筑混凝土：b_混 = t_混/K = 2/2 = 1（个）。$$

③ 确定每层流水段数 m

$$m = \sum b_i + \left(\sum Z_1/K\right) + \left(Z_2/K\right) - \left(\sum C/K\right)$$
$$= (2+2+1) + 0 + 2/2 - 0 = 6（段）。$$

④ 计算流水工期 T

$$T = \left(rm + \sum b_i - 1\right) K + \sum Z_1 - \sum C$$
$$= (2 \times 6 + 5 - 1) \times 2 + 0 - 0 = 32d。$$

⑤ 绘制流水施工水平指示图表

见图 2-12。

施工过程	队组	施工进度/d															
		2	4	6	8	10	12	14	16	18	20	22	24	26	28	30	32
扎筋	1	一、1		一、3		一、5		二、1		二、3		二、5					
	2		一、2		一、4		一、6		二、2		二、4		二、6				
支模	1			一、1		一、3		一、5		二、1		二、3		二、5			
	2				一、2		一、4		一、6		二、2		二、4		二、6		
浇筑混凝土						一、1	一、2	一、3	一、4	一、5	一、6	二、1	二、2	二、3	二、4	二、5	二、6

图 2-12 成倍节拍流水施工进度表

4. 需注意的问题

理论上只要各施工过程的流水节拍具有倍数关系,均可采用这种成倍节拍流水组织方法。但如果其倍数差异较大,往往难以配备足够的工作队,或者难以满足各个队的工作面及资源要求,则这种组织方法就不可能实际应用。

2.3.3　分别流水法

在工程项目实际施工中,通常每个施工过程在各个施工段上的工程量彼此不等,或各个专业工作队的生产效率相差悬殊,导致大多数的流水节拍也彼此不等,因而不可能组织成全等节拍流水或等步距成倍节拍流水。在这种情况下,往往利用流水施工的基本概念,在满足施工工艺要求、符合施工顺序的前提下,使相邻的两个专业工作队既不互相干扰,又能在开工的时间上最大限度地搭接起来,形成每个专业队组都能连续作业的无节奏流水施工。这种流水施工组织方式,称为分别流水,也叫无节奏流水。

1. 形式与特点

如某工程分为①～④四个施工段,有甲、乙、丙三个施工过程,组织相应的三个工作队进行施工,施工顺序为甲→乙→丙。它们在各段上的流水节拍分别为:甲——3、2、2、4 周;乙——1、3、2、2 周;丙——3、2、3、2 周。其流水施工方案见图 2-13。

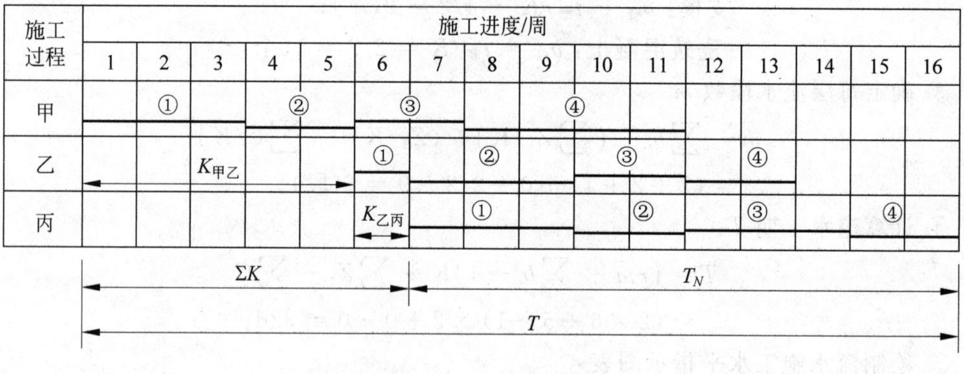

施工过程	施工进度/周															
	1	2	3	4	5	6	7	8	9	10	11	12	13	14	15	16
甲		①			②		③			④						
乙		$K_{甲乙}$				①		②		③		④				
丙					$K_{乙丙}$		①		②		③			④		

图 2-13　分别流水的形式

由图 2-13 可以看出,分别流水施工具有以下特点:

(1) 各施工过程在各施工段上的流水节拍不全相等;

(2) 流水步距不尽相等;

(3) 专业工作队数等于施工过程数;

(4) 在一个施工层内每个专业工作队都能够连续施工;

(5) 施工段可能有空闲时间。

2. 组织步骤与方法

(1) 分解施工过程,组织相应的专业施工队。

(2) 划分施工段,确定施工段数。

(3) 计算每个施工过程在各个施工段上的流水节拍。

（4）计算各相邻施工队间的流水步距：

常采用"节拍累加数列错位相减取大差"作为流水步距。其计算步骤如下：

① 根据专业工作队在各施工段上的流水节拍，求累加数列；

② 按照施工顺序，分别将相邻两个施工过程的节拍累加数列错位相减。即将后一施工过程的节拍累加数列向后移动一位，再上下相减；

③ 相减的结果中数值最大者，即为该两施工过程专业工作队之间的流水步距。

（5）计算流水工期

$$T = \sum K + T_N + \sum Z_1 - \sum C \tag{2-10}$$

式中　　$\sum K$——各相邻两个专业工作队之间的流水步距之和；

　　　　T_N——最后一个专业队总的工作延续时间；

　　　　$\sum Z_1$——各施工过程之间的间歇（包括技术间歇与组织间歇）时间之和；

　　　　$\sum C$——各相邻施工过程之间的搭接时间之和。

（6）绘制流水施工进度表。

3. 应用举例

【例 2-7】 某单层建筑分为 4 个施工段，有甲、乙、丙三个施工过程。各施工过程在各段上的流水节拍分别为：甲——3、4、2、3d；乙——2、3、3、2d；丙——2、2、3、2d。要求甲施工后须间歇 3d 乙队才能施工，允许乙与丙之间搭接 1d。试按分别流水法组织施工并绘制流水进度表，要求保证各队连续作业。

【解】 根据题设条件，该工程只能采用分别流水法组织无节奏流水。

（1）确定流水步距

① $K_{甲乙}$

甲的节拍累加数列	3	7	9	12	
乙的节拍累加数列	—	2	5	8	10
差值	3	5	4	4	−10

取最大差值，即 $K_{甲乙} = 5d$。

② $K_{乙丙}$

乙的节拍累加数列	2	5	8	10	
丙的节拍累加数列	—	2	4	7	9
差值	2	3	4	3	−9

取最大差值，即 $K_{乙丙} = 4d$。

（2）计算流水工期

$$T = \sum K + T_N + \sum Z_1 - \sum C = (5+4) + 9 + 3 - 1 = 20d$$

（3）绘制流水施工进度表：见图 2-14。

4. 需要注意的问题

（1）分别流水法是流水施工中最基本的组织方法。它不仅在流水节拍不规则的条件下使用，对于在成倍节拍流水那种流水节拍有规律的条件下，当施工段数、施工队组数以及工

施工过程	施工进度/d																			
	1	2	3	4	5	6	7	8	9	10	11	12	13	14	15	16	17	18	19	20
甲		①				②			③		④									
乙	$K_{甲乙}=5$				$Z_{甲乙}=3$					①		②			③		④			
丙							$K_{乙丙}=4$		$C_{乙丙}=1$				①	②		③		④		

图 2-14 分别流水施工进度表

作面或资源状况不能满足相应要求时,也可以按分别流水法组织施工。

（2）若上述例题并非一个施工层,则在其他施工层应继续保持各施工过程间的流水步距,这样才可避免相邻施工过程在工作面上发生冲突的现象。

5. 多施工层无节奏流水的组织方法

在组织多施工层流水时,为了保证每个施工队既要在每个施工层内连续作业,又要不出现工作面冲突和施工队的时间冲突,且实现有规律的作业,则需将其他施工层的施工进度线在保持流水步距不变的情况下整体移动调整。

在第一个施工层按照前述方法组织流水的前提下,以后各层何时开始,主要受到空间和时间两方面限制。所谓空间限制,是指前一个施工层任何一个施工段工作未完,则后一施工层的相应施工段就没有施工的空间;所谓时间限制,是指任何一个施工队未完成前一施工层的工作,则后一施工层就没有时间开始进行。这都将导致全部工作后移。

每项工程具体受到哪种限制,取决于其流水段数及流水节拍的特征。可用施工过程持续时间的最大值（$T_{\max}$）与流水步距的总和（$K_{总}$）之间的关系进行判别,即：

（1）当 $T_{\max} < K_{总}$ 时,除一层以外的各施工层施工只受空间限制,可按层间工作面连续来安排第一个施工过程施工,其他施工过程均按已定步距依次施工。各施工队都不能连续作业。

（2）当 $T_{\max} = K_{总}$ 时,流水安排同上,但具有 $T_{\max}$ 值施工过程的施工队可以连续作业。

上述两种情况的流水工期为

$$T = r\sum K + (r-1)K_{层间} + T_N \tag{2-11}$$

当有间歇和搭接要求时：

$$T = r\sum K + (r-1)K_{层间} + T_N + (r-1)Z_2 + \sum Z_1 - \sum C \tag{2-12}$$

（3）当 $T_{\max} > K_{总}$ 时,具有 $T_{\max}$ 值施工过程的施工队可以全部连续作业,其他施工过程可依次按与该施工过程的步距关系安排作业。若 $T_{\max}$ 值同属几个施工过程,则其相应施工队均可以连续作业。该情况下的流水工期：

$$T = r\sum K + (r-1)K_{层间} + T_N + (r-1)(T_{\max} - K_{总})$$
$$= r\sum K + (r-1)(T_{\max} - \sum K) + T_N \tag{2-13}$$

当有间歇和搭接要求时：

$$T = r\sum K + (r-1)(T_{\max} - \sum K) + T_N + (r-1)Z_1 + \sum Z_2 - \sum C \tag{2-14}$$

式中　　$K_{总}$——施工过程之间及相邻的施工层之间的流水步距总和（即 $K_{总} = \sum K + K_{层间}$）；

T_{max}——一个施工层内各施工过程中持续时间的最大值，即 $T_{max} = \max\{T_1, T_2, \cdots, T_N\}$；

r——施工层数；

$\sum K$——施工过程之间的流水步距之和；

$K_{层间}$——施工层之间的流水步距；

T_N——最后一个施工过程在一个施工层的施工持续时间；

Z_2——施工层之间的间歇时间；

$\sum Z_1$——在一个施工层中施工过程之间的间歇时间之和；

$\sum C$——在一个施工层中施工过程之间的搭接时间之和。

【例 2-8】 某工程为 3 个施工层，每层分为 4 段，有 A、B、C 3 个施工过程，施工顺序为 A→B→C。各施工过程在各段上的流水节拍分别为：A——1、3、2、2；B——1、1、1、1；C——2、1、2、3。试编制流水施工计划。

【解】

① 确定流水步距：仍按"节拍累加数列错位相减取其最大差"方法计算，见表 2-6。

表 2-6　流水步距计算

A 的节拍累加数列	1	4	6	8				差值最大值	流水步距 K
B 的节拍累加数列		1	2	3	4				
C 的节拍累加数列		2	3	5	8				
A 的节拍累加数列			1	4	6	8			
A、B 数列差值	1	3	4	5	−4			5	$K_{AB}=5$
B、C 数列差值		1	0	0	−1	−8		1	$K_{BC}=1$
C、A 数列差值			2	2	1	2	−8	2	$K_{层间}=2$

② 流水方式判别：$T_{max}=8$（见表 2-7），属于施工过程 A 和 C。$K_{总}=5+1+2=8$，$T_{max}=K_{总}$，则 A 和 C 的施工队均可全部连续作业。

③ 计算流水工期：$T = r\sum K + (r-1)K_{层间} + T_N = 3 \times (5+1) + (3-1) \times 2 + 8 = 30$。

④ 绘制施工进度表：二、三层需先绘出 A、C 的进度线，再依据步距关系绘出 B 的进度线。见图 2-15。

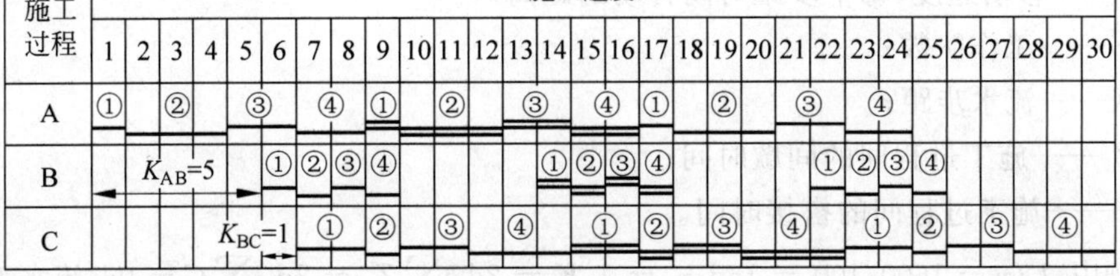

图 2-15　流水施工进度表（双线为第二层的进度线，其后的单粗线为第三层的进度线）

无节奏流水施工形式对于单个施工层的工程而言没有节奏感。但对于有多个施工层的工程来说，它不但能够使每一个施工队在每一个施工层中都连续作业，而且能够在各个施工层之间有规律地施工和停歇，可以说存在着一定的规律和节奏。因此，组织好多施工层无节奏流水施工具有重要的理论和实践意义。

2.3.4 流水线法

对道路、管线、沟渠等线性工程的流水施工常采用流水线法。其组织步骤如下所述：

(1) 将工程对象划分成若干个施工过程，并组织相应的专业队；

(2) 通过分析，找出主导施工过程；

(3) 根据主导施工过程专业队的生产能力确定其移动速度；

(4) 依据这一速度，确定其他施工过程工作队的移动速度并配备相应的资源；

(5) 根据工程特点及施工工艺、施工组织要求，确定流水步距和间歇、搭接时间；

(6) 组织各工作队按照工艺顺序相继投入施工，并以一定的速度沿着线性工程的长度方向不断向前移动。

如某管道工程长 1600m，包括挖沟、铺管、焊接和回填四个主要施工过程，拟组织四个相应的专业队流水施工。经分析，挖沟是主导施工过程，每天可完成 100m；其他施工过程经资源配备也按此速度向前推进；流水步距可取 2d，要求焊接后需经 2d 检查验收方可回填。其流水施工进度计划如图 2-16 所示。

施工过程	施工进度/d											
	2	4	6	8	10	12	14	16	18	20	22	24
挖沟												
铺管	$K=2$											
焊接		$K=2$										
回填			$K=2$ $Z_1=2$									

图 2-16 某管道工程流水线法施工进度计划

流水线法施工工期为

$$T = \frac{L}{v} + (n'-1)K + \sum Z_1 - \sum C \qquad (2-15)$$

式中 L——线性工程总长度；

v——移动速度（每个步距时间移动的距离）；

n'——工作队数；

K——流水步距；

Z_1——施工过程间的间歇时间；

C——施工过程间的搭接时间。

本例中，$L/v = 1600/100 = 16d$，$n'=4$，$K=2d$，$\sum Z_1 = 2d$，$\sum C = 0d$，流水工期为

$$T = 16 + (4-1) \times 2 + 2 - 0 = 24d.$$

2.4　应用案例

2.4.1　现浇筑剪力墙住宅结构的流水施工组织

某现浇筑钢筋混凝土剪力墙结构高层住宅，采用大模板施工。为节约费用，只配备一套工具式钢制大模板。流水施工组织要点如下：

（1）结构施工阶段包括绑扎安装墙体钢筋、安装墙体大模板、浇筑墙体混凝土、拆大模板、支楼板模板、绑扎楼板钢筋、浇筑楼板混凝土等七个主要施工过程。其中绑扎安装墙体钢筋、安装墙体大模板、支楼板模板、绑扎楼板钢筋四项为主导施工过程。墙体大模板拆除及安装均由安装队完成，考虑周转要求，清晨拆除前一段后再进行本段的安装，而拆除墙模的施工段即可安装楼板模板。墙体及楼板混凝土浇筑均安排在晚上进行。

（2）组织绑扎墙体钢筋、拆装墙体大模板、楼板支模、楼板扎筋和浇筑墙及板混凝土五个工作队的流水施工。

（3）由于浇筑混凝土在晚上进行，最多有四个工作队同时作业；且施工期间气温较高，混凝土墙体拆模及楼板上人强度经一夜养护均能满足要求，认为无间歇要求，故每层划分为四个施工段。

（4）流水节拍及流水步距均定为 1 天，组织全等节拍流水施工。见图 2-17。

施工过程	工作队	1		2		3		4		5		6		7		8		9	
		日	晚	日	晚	日	晚	日	晚	日	晚	日	晚	日	晚	日	晚	日	晚
绑扎墙筋	A	一、1		一、2		一、3		一、4		二、1		二、2		二、3		二、4		三、1	
拆、安墙模	B			一、1		一、2		一、3		一、4		二、1		二、2		二、3		二、4
浇筑墙混凝土	C				一、1		一、2		一、3		一、4		二、1		二、2		二、3		二、4
支板模	D					一、1		一、2		一、3		一、4		二、1		二、2		二、3	
绑扎板筋	E							一、1		一、2		一、3		一、4		二、1		二、2	
浇筑楼板混凝土	C								一、1		一、2		一、3		一、4		二、1		二、2

图 2-17　某现浇筑剪力墙住宅结构标准层全等节拍流水施工进度计划

由图 2-17 可以看出，在正常情况下，各队都实现了连续、均衡作业，工作面也没有空闲。正常情况下每四天完成一个楼层。

2.4.2　现浇筑框架办公楼结构的流水施工组织

某二层现浇筑钢筋混凝土框架结构办公楼，柱距 7.8m×7.8m，办公楼宽 3×7.8＝23.4m，长 10×7.8＝78m，中间有两道变形缝，其剖面如图 2-18 所示。流水施工组织要点如下：

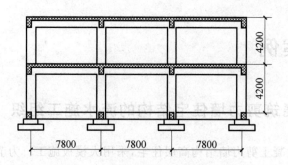

图 2-18　现浇筑框架办公楼结构剖面图

(1) 考虑既不影响结构的整体性，又要使每段工程量大致相等、劳动量均匀，且满足工作面要求，故以变形缝为界，每层划分为 3 个施工段。

(2) 主要施工过程包括：绑扎柱子钢筋，支柱子、梁及楼板模板，绑扎梁、楼板钢筋，浇筑柱、梁、楼板混凝土 4 项。楼梯施工并入楼板。

(3) 由于流水段数少于施工过程数，故按工种组织钢筋、木工、混凝土 3 个专业队流水施工。

(4) 以支模板为主导施工过程，确保木工队在每层、每段上连续作业。其余施工过程的专业工作队通过适当配备，按施工顺序要求、保证工作面合理衔接进行施工。

(5) 为保证各段混凝土浇筑不留施工缝，同一施工段内采取三班制连续作业。但由于工艺限制，混凝土工作队在每层、每段之间均不能连续作业。

流水施工进度计划见图 2-19。由图中可以看出，各施工过程均为等节奏施工；工作面搭接合理；保证了层间间歇要求；不但木工队实现了连续作业，钢筋队在中间较长时间内也实现了连续作业(图 2-19 中箭线所指即为钢筋队作业的流动情况)，其巧妙之处就在于钢筋队作业的流水节拍之和与木工队的流水节拍相等。

施工过程	每段劳动量/工日	人数	节拍	施工进度/d														
				2	4	6	8	10	12	14	16	18	20	22	24	26	28	30
绑扎柱筋	15	15	1	一、1		一、2		一、3		二、1		二、2		二、3				
支模板	120	30	4		一、1		一、2		一、3		二、1		二、2		二、3			
绑扎梁板筋	51	17	3				一、1		一、2		一、3		二、1		二、2		二、3	
浇筑混凝土	40	20	2					一、1		一、2		一、3		二、1		二、2		二、3

图 2-19　某现浇筑框架办公楼结构分别流水施工进度计划

习题

1. 组织施工有哪 3 种方式，各有何特点？
2. 组织流水施工的步骤有哪些？

3. 流水施工参数有哪些？试述其基本概念。

4. 什么叫流水节拍？如何确定流水节拍？

5. 流水段的划分应遵循哪些原则？如何确定流水段数？

6. 试比较全等节拍、成倍节拍和分别流水法的组织条件与特点。

7. 全等节拍、成倍节拍和分别流水法各如何组织？

8. 某基础工程分四段流水施工，其每段的施工过程及所需劳动量为：挖土（160 工日），打灰土垫层（70 工日），砌砖基础（200 工日），回填土（60 工日）。若每个施工过程的班组人数不得超过 52 人，砌砖基础后需间歇 4 天后再回填。试组织全等节拍流水施工并绘制流水进度表。

9. 某装饰工程为两层，采取自上而下的流向组织流水施工，每层划分 5 个施工段，施工过程为砌筑隔墙、室内抹灰、安装门窗和喷刷涂料（各施工过程的工程量及产量定额见表 2-7）。若限定流水节拍不得少于 2d，油工最多只有 11 人，抹灰后需间歇 3d 方准许安门窗。试组织全等节拍流水施工并绘制流水进度表。

表 2-7 各施工过程的工程量及产量定额细目

序号	施工过程	工程量	产量定额/工日
1	砌筑隔墙	200m³	1m³
2	室内抹灰	7500m²	15m²
3	安装门窗	1500m²	6m²
4	喷刷涂料	6000m²	20m²

10. 某工程共有两个施工层，按施工顺序分为甲、乙、丙三个施工过程，每个施工过程配备一个专业队组。流水节拍确定为 3d。要求甲施工后需经 3d 检查验收乙方可进行施工，且第一层施工后需间歇 2d 以上方可进行第二层施工。试组织全等节拍流水施工并绘制流水进度表。

11. 某构件预制工程，在地胎模上分两层叠浇 160 个构件，层间工艺间歇至少需要 4d，各施工过程及其劳动量分别为：绑扎筋 160 工日，支模 120 工日，浇筑混凝土 240 工日。现有木工 6 人，其他工种人员充足，试组织全等节拍流水施工并绘制流水进度表。

12. 某构件预制工程分两层叠浇，其施工过程及流水节拍分别为扎钢筋 6d，支模板 6d，浇筑混凝土 3d，层间工艺间歇为 3d，试组织成倍节拍流水施工并绘制流水进度表。

13. 某工程有甲、乙、丙三个施工过程。据工艺要求，各施工过程的流水节拍定为：甲——3d，乙——9d，丙——6d，若该工程为两层，层间间歇 3d，试组织成倍节拍流水并绘制流水进度表。

14. 某工程项目有甲、乙、丙三个施工过程。根据工艺要求，各施工过程的流水节拍分别为：甲——4d，乙——2d，丙——6d，若该工程为两层，层间间歇为 2d，要求乙施工后需间隔 2d 丙方可施工，试组织成倍节拍流水并绘制流水进度表。

15. 某单层建筑分为 4 个施工段，有三个专业队进行流水施工，它们在各段上的流水节拍（d）见表 2-8。要求甲队施工后须间歇至少 1d 乙队才能施工。试按分别流水法组织施工并绘制流水进度表，要求保证各队连续作业。

表 2-8　各作业队在各段上的流水节拍

施工段 施工队	第一段	第二段	第三段	第四段
甲队	2	3	3	3
乙队	2	3	2	2
丙队	2	2	3	2

第 3 章

网络计划技术

本章学习要求：了解网络计划的基本原理与基本概念；掌握双代号、单代号网络图的绘图规则与方法，掌握时间参数的意义与计算；了解时标网络计划的编制方法，掌握其参数确定方法；了解搭接网络计划的计算方法及网络计划的优化原理与步骤；能够编制和使用一般工程的网络计划。

本章学习重点：网络计划的基本概念；双代号、单代号网络计划的绘图与计算；时标网络计划时间参数及关键线路的确定。

网络计划技术是随着现代科学技术和工业生产的发展而产生的，是一种科学的计划管理方法。它在 20 世纪 50 年代后期出现于美国，20 世纪 60 年代开始在我国得到推广和应用。目前网络计划方法已广泛地应用于各个部门、各个领域。特别是工程建设部门，无论是在项目的招、投标，还是在项目的规划、实施与控制等各个阶段，都发挥着重要作用，逐渐成为项目管理的核心技术及重要组成部分。

3.1 网络计划的一般概念

3.1.1 网络计划的基本原理

利用网络图的形式表达一项工程中具体工作组成以及相互间的逻辑关系，经过计算分析，找出关键工作和关键线路，并按照一定目标使网络计划不断完善，以选择最优方案；在计划执行过程中对工程进行有效的控制和调整，力求以较小的消耗取得最佳的效益。

3.1.2 网络图与网络计划

网络图是由箭线和节点按照一定规则组成的、用来表示工作流程的、有向有序的网状图形。网络图分为双代号网络图和单代号网络图两种形式,由一条箭线与其前后两个节点来表示一项工作的网络图称为双代号网络图;而由一个节点表示一项工作,以箭线表示工作顺序的网络图称为单代号网络图,见图 3-1。

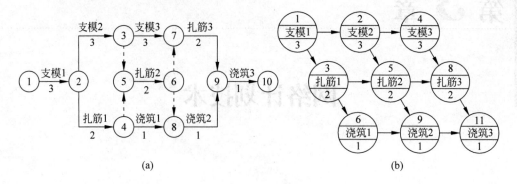

图 3-1　网络图形式

（a）双代号网络图;（b）单代号网络图

用网络图表达任务构成、工作顺序并加注工作的时间参数而编成的进度计划,称为网络计划。目前建筑工程中常用的网络计划有:双代号网络计划、单代号网络计划、时标网络计划、搭接网络计划等。用网络计划对任务的工作进度进行安排和控制,以保证实现预定目标的科学的计划管理技术,称为网络计划技术。

3.1.3　网络计划的特点

目前常用的工程进度计划表达形式有横道计划和网络计划两种。它们虽具有同样的功能,但特点却有较大的差异。横道计划是以横向线条结合时间坐标来表示各项工作的起止时间和先后顺序,整个计划由一系列的横道组成。而网络计划是以箭线和节点组成的网状图形来表示的施工进度计划。

例如,某构件制作工程分三段进行施工,有支模、扎筋、浇筑混凝土三个施工过程,各施工过程的流水节拍分别为 3d、2d、1d。该工程进度计划用网络图表达如图 3-1 所示,用横道图形式表达,如图 3-2 所示。

施工过程	施工进度/d											
	1	2	3	4	5	6	7	8	9	10	11	12
支模	1			2			3					
扎筋				1			2			3		
浇筑混凝土						1			2			3

（a）

施工过程	施工进度/d											
	1	2	3	4	5	6	7	8	9	10	11	12
支模	1			2			3					
扎筋							1			2		3
浇筑混凝土										1	2	3

（b）

图 3-2　横道图形式

（a）工作面连续,工作队有间歇;（b）工作队连续,工作面有间歇横道图计划的优点是易于编制,简单、明了、直观;因为有时间坐标,各项工作的起止时间、作业持续时间、工作进度、总工期,以及流水作业状况都能一目了然;对人力和其他资源的计算也便于按图叠加。其缺点是不能全面地反映出各项工作之间的相互关系和影响,不便进行各种时间参数的计算,不能反映哪些是主要的、关键性的工作,看不出计划中的潜力所在,不能使用计算机进行计算和优化。这些缺点的存在,不利于对施工管理工作的改进和加强。

网络计划的优点,是把工程项目中的各有关工作组成了一个有机的整体,能全面而明确地反映出各项工作之间的相互制约和相互依赖的关系;可以进行各种时间参数的计算,能在工作繁多、错综复杂的计划中找出影响工期的关键工作和关键线路,便于管理人员抓住主要矛盾,集中精力确保工期,避免盲目抢工;通过对各项工作存在机动时间的计算,可以更好地运用和调配人员与设备,节约人力、物力,达到降低成本的目的;在计划执行过程中,当某一项工作因故提前或拖后时,能从网络计划中预见到对其后续工作及总工期的影响程度,便于采取措施;可以利用计算机进行计划的编制、计算、优化和调整。它的缺点是,流水作业表达不清晰;对一般的网络计划,不能利用叠加法计算各种资源的需要量。

总之,网络计划技术可以为施工管理提供多种信息,有助于管理人员合理地组织生产,知道管理的重点应放在何处,怎样缩短工期,在哪里有潜力,如何降低成本等,从而有利于加强工程管理。可见,它既是一种有效的计划表达方法,又是一种科学的工程管理方法。

3.2　双代号网络计划

双代号网络计划在国内应用较为普遍,它易于绘制成带有时间坐标的网络计划而便于优化和使用。但逻辑关系表达较复杂,常需使用较多的虚工作。

3.2.1　双代号网络图的构成

双代号网络图由箭线、节点、节点编号、虚工作、线路等五个基本要素构成。对于每一项工作而言,其基本形式如图 3-3 所示。

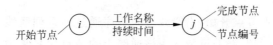

图 3-3　双代号网络图的基本形式

1. 箭线

在双代号网络图中,一条箭线表示一项工作,如砌墙、抹灰等。而工作所包括的范围可大可小,如一道工序、一个分项工程、一个分部工程、一个单位工程等。

每项工作的进行必然要占用一定的时间,往往也要消耗一定的资源(如劳动力、材料、机械设备)。用一条箭线来表示。

在无时标的网络图中,箭线的长短并不反映该工作占用时间的长短。箭线的形状可以是水平直线,也可以是折线或斜线,但最好画成水平直线或带水平直线的折线。在同一张网络图上,箭线的画法应统一。

箭线所指的方向表示工作进行的方向,箭线的尾端表示该项工作的开始,箭头端表示该项工作的完成。工作名称应标注在水平箭线的上方或垂直箭线的左侧,工作的持续时间标注在水平箭线的下方或垂直箭线的右侧,如图 3-3 所示。

2. 节点

在双代号网络图中,节点代表一项工作的开始或完成,常用圆圈表示。箭线尾部的节点称为该箭线所示工作的开始节点,箭头端的节点称为该工作的完成节点。在一个完整的网络图中,除了最前的起点节点和最后的终点节点外,其余任何一个节点都具有双重含义——既是前面工作的完成点,又是后面工作的开始点。

节点仅为前后两项工作的交接点,只是一个“瞬间”概念,因此它既不消耗时间,也不消耗资源。

3. 节点编号

在双代号网络图中,一项工作可以用其箭线两端节点的编号来表示,以方便查找与使用。

对一个网络图中的所有节点应进行统一编号,且不得有重号现象。对于每一项工作而言,其箭头节点的号码应大于箭尾节点的号码,即顺箭线方向由小到大,如图 3-3 中,j 应大于 i。编号应在绘图完成、检查无误后,顺着箭头方向依次进行。为了便于修改和调整,可不连续编号。

4. 虚工作

虚工作表示一项虚拟的、假设的工作,用虚箭线表达,如图 3-4 中的②→③。由于是虚拟的工作,故没有工作名称和持续时间。其特点是既不消耗时间,也不消耗资源。

虚工作可起到联系、区分和断路作用,是双代号网络图中表达一些工作之间的相互联系、相互制约关系从而保证逻辑关系正确的必要手段。

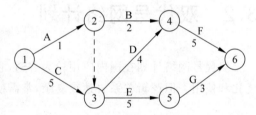

图 3-4　双代号网络图
（工作持续时间的单位为“d”）

5. 线路

在网络图中,从起点节点开始,沿箭线方向顺序通过一系列箭线与节点,最后到达终点节点所经过的通路叫线路。线路可依次用该通路上的节点代号来记述,也可依次用该通路上的工作名称来记述。如图 3-4 所示网络图的线路有:①→②→④→⑥(8d);①→②→③→④→⑥(10d);①→②→③→⑤→⑥(9d);①→③→④→⑥(14d);①→③→⑤→⑥(13d)。共 5 条。

每条线路都有确定的完成时间(括号内数据),等于该线路上各项工作持续时间的总和,也是完成这条线路上所有工作的计划工期。图 3-4 中,第四条线路耗时最长(14d),对整个工程的完工起着决定性的作用,称为关键线路;其余线路均称为非关键线路。处于关键线路上的各项工作称为关键工作。关键工作完成的快慢将直接影响整个计划工期的实现。关键线路常采用粗线、双线或其他颜色的箭线突出表示。

除关键工作外的工作都称为非关键工作,它们都有机动时间(即时差)。利用非关键工作的机动时间可以科学合理地调配资源和对网络计划进行优化。

3.2.2 双代号网络图的绘制

1. 绘图的基本规则

1) 必须正确表达已定的逻辑关系

在绘制网络图时,要根据工艺顺序和施工组织的要求,正确地反映各项工作之间的先后顺序和相互制约、相互依赖的关系。常见几种逻辑关系的表达方法见表 3-1。

表 3-1 双代号网络图中各工作逻辑关系的表示方法

序号	工作之间的逻辑关系	网络图中的表示方法	说　明
1	A 完成后进行 B		A 制约着 B,B 依赖着 A
2	A 完成后进行 B、C		A 工作制约着 B、C 工作的开始,B、C 为平行工作
3	C 在 A、B 完成后才能开始		C 工作依赖着 A、B 工作,A、B 为平行工作
4	A 完成后进行 C,A、B 均完成后进行 D		D 与 A 之间引入了虚工作,从而正确地表达了它们之间的制约关系
5	A、B 完成后进行 C,B、D 完成后进行 E		虚工作 $i—j$ 反映出 C 工作受到 B 工作的制约;虚工作 $i—k$ 反映出 E 工作受到 B 工作的制约
6	A 完成后进行 C、D,B 完成后进行 D、E		虚工作反映出 D 工作受到 A 工作和 B 工作的制约
7	A、B 两项工作分三个施工段,平行施工		每个工种工程建立专业工作队,在每个施工段上进行流水作业。虚工作表达了工作面关系

2) 只能有一个起点节点和一个终点节点

在一个网络图中,起点节点和终点节点只能各有一个(多目标网络计划除外),否则就不是完整的网络图。所谓起点节点是指只有外向箭线而无内向箭线的节点,如图 3-5(a)所示;终点节点则是只有内向箭线而无外向箭线的节点,如图 3-5(b)所示。

3) 严禁出现循环回路

在网络图中，如果从一个节点出发沿着某一条线路移动，又可回到原出发节点，则图中存在着循环回路。如图 3-6 中的②→③→④→②即为循环回路，它使得工程永远不能完成。若 B 和 D 是反复进行的工作，则每次部位不同，不可能在原地重复，应使用新的箭线表示。

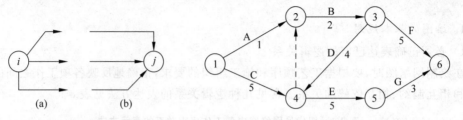

图 3-5　起点节点和终点节点　　　　图 3-6　有循环回路错误的网络图

4) 不允许出现相同编号的工作

在网络图中，两个节点之间只能有一条箭线并只表示一项工作，用前后两个节点的编号可代表这项工作。例如，砌隔墙与埋设墙内的电线管同时开始、同时完成，在图 3-7(a)中，这两项工作的编号均为③—④，出现了重名现象，容易造成混乱。遇到这种情况，应增加一个节点和一条虚箭线，从而既表达了这两项工作的平行关系，又区分了它们的代号，如图 3-7(b)、(c)所示。

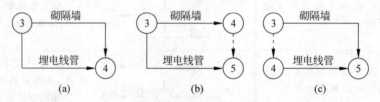

图 3-7　相同编号工作示意图
(a) 错误；(b) 正确；(c) 正确

5) 不允许出现无开始节点或无完成节点的工作

如图 3-8(a)所示，"抹灰"为无开始节点的工作，其意图是表示"砌墙"进行到一定程度时开始抹灰。但反映不出"抹灰"的准确开始时刻，也无法用代号代表抹灰工作，这在网络图中是不允许的。正确的画法是：将"砌墙"划分为两个施工段，引入一个节点，使抹灰工作就有了开始节点，如图 3-8(b)所示。同理，在无完成节点时，也可采取同样方法进行处理。

6) 严禁出现双向箭头箭线或无箭头的连线

图 3-8　无开始节点工作示意图
(a) 错误；(b) 正确

2. 绘制网络图的要求与方法

1）网络图要布局规整、条理清晰、重点突出

绘制网络图时，应尽量采用水平箭线和垂直箭线、减少斜箭线，使网络图规整、清晰。其次，应尽量把关键工作和关键线路布置在中心位置，尽可能把密切相连的工作安排在一起，以突出重点，便于使用。

2）交叉箭线的处理方法

绘制网络图时，应尽量避免箭线交叉，有时可通过调整布局来达到此目的，如图 3-9 所示。

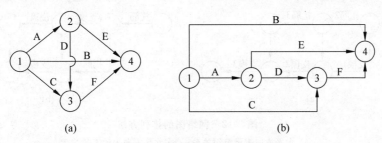

图 3-9　箭线交叉及其整理

（a）有交叉和斜向箭线的网络图；（b）调整后的网络图

当箭线交叉不可避免时，应采用"过桥法"或"指向法"表示，如图 3-10 所示。指向法还可用于绘图时的换行、换页。

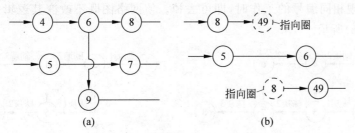

图 3-10　交叉箭线及换行的处理

（a）过桥法；（b）指向法

3）起点节点和终点节点的"母线法"

在网络图的起点节点有多条外向箭线、终点节点有多条内向箭线时，可以采用母线法绘图，如图 3-11 所示。对中间节点处有多条外向箭线或多条内向箭线者，在不至于造成混乱的前提下也可采用母线法绘制。

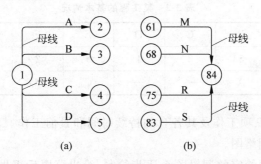

图 3-11　使用母线画法

4）网络图的排列方法

为了使网络计划更形象、更清楚地反映出工程施工的特点,绘图时应采用适当的排列方法,并使网络图在水平方向较长。

(1) 按组织关系排列(图 3-12(a))。能够突出反映各施工层段之间的组织关系,明确地反映队组的连续作业状况;

(2) 按工艺关系排列(图 3-12(b))。能突出反映各施工过程之间的工艺和各工作队之间的关系。

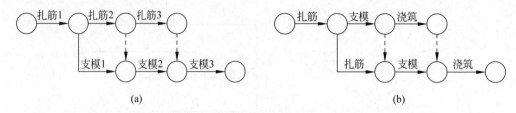

图 3-12　网络图的排列方法

(a) 水平方向表示组织关系;(b) 水平方向表示工艺关系

5）尽量减少不必要的箭线和节点

如图 3-13(a)所示,该图逻辑关系正确,但过于烦琐,给绘图和计算带来不必要的麻烦。对于只有一进一出两条箭线,且其中一条为虚箭线的节点(如节点③、⑥),在取消该节点及虚箭线不会出现相同编号的工作时,即可去掉。使网络图既不改变其逻辑关系,又简单明了,如图 3-13(b)所示。

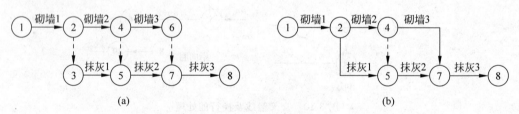

图 3-13　网络图的简化示意

(a) 有多余节点和虚箭线的网络图;(b) 简化后的网络图

3. 绘图示例

【例 3-1】　根据表 3-2 给出的条件,绘制双代号网络图。

表 3-2　某工程的基本情况

工作名称	A	B	C	D	E	F	G	H	I
持续时间	3	5	2	4	5	2	6	5	2
紧前工作	—	A	—	—	C	CD	AEF	F	GH

表 3-2 中,给出了 9 项工作及其各自的持续时间和紧前工作。若知道了各项工作的紧后工作也可以绘制出网络图。

绘图时一定要按照给定的逻辑关系逐步绘制,绘出草图后再做整理,最后进行节点编号。网络图绘制如图 3-14 所示。由于 A、C、D 都没有紧前工作,故均为起始工作,从起点节点画出。B、I 未作为其他工作的紧前工作,故为终结工作,均收归终点节点。绘图时要正确使用虚箭线。绘图后,要认真检查紧前工作或紧后工作与所给定的逻辑关系是否相同,有无多余或缺少;检查起点节点和终点节点是否各只有一个;检查网络图是否达到最简化,有无多余的虚箭线;再检查工作名称、持续时间是否正确,节点编号是否从小到大,有无两项工作使用了同一对编号的错误。

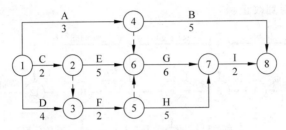

图 3-14　据表 3-2 所给条件绘制的网络图

【例 3-2】　某框架教学楼的装饰装修工程,每层分为三个施工段,施工过程及其延续时间为:砌围护墙及隔墙 12d,内外抹灰 15d,安塑料门窗 9d,喷刷涂料 18d。拟组织瓦工、抹灰工、木工和油工四个专业队进行施工。试绘制双代号网络图。

【解】　绘图时应按照施工的工艺顺序和流水施工的要求进行,要遵守绘图规则,特别是要符合逻辑关系。当第一段砌墙后,瓦工转移到第二段砌墙,为第一段抹灰提供了工作面,抹灰工可开始第一段抹灰;同理第一段抹灰完成后,可安装第一段塑料门窗……第二段砌墙后,瓦工转移到第三段,为第二段抹灰提供了工作面,但第二段抹灰并不能进行,还需待第一段抹灰完成后才有人员、机具等,因此,需要用虚箭线来表达这种资源转移的组织关系。如图 3-15 中③、④节点间的虚箭线就起到了这样的组织联系作用。同理,第二段安门窗不但要待第二段抹灰完成来提供工作面,还需第一段门窗安完来提供人员等资源,因此,必须在⑤、⑥节点间引虚箭线。图中,由于"涂 1"是第一段最后一项工作,将其箭线直接折向节点⑧,作为"涂 2"的资源条件。

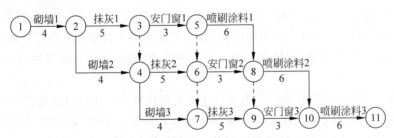

图 3-15　有逻辑关系错误的网络图

图 3-15 中,第三段各施工过程仍按第二段的画法画出了全部网络图。标注了工作名称、持续时间,并进行了节点编号。但该图中存在严重的逻辑关系错误。

图 3-15 中的错误在于,"砌墙 3"从节点④画出,由于③、④节点间虚箭线的联系,使得"抹灰 1"成了"砌墙 3"的紧前工作。而实际上第三段砌墙(即"砌墙 3")与第一段抹灰(即抹灰 1)之间既无工艺关系,也无工作面关系,更没有资源依赖关系。也就是说,无论第一段抹

灰进行与否,第三段砌墙都可进行,两者之间根本没有逻辑关系。同理,第三段抹灰受到第一段安门窗的控制、第三段安门窗受到第一段涂料的控制,都是逻辑关系错误。

上述这种逻辑关系错误,主要是通过④、⑥、⑧这种"两进两出"节点引发的。因此,绘图中,当出现这种"两进两出"或"两进两出"以上的"多进多出"节点时,要认真检查有无逻辑关系错误。对于这种错误,应通过增加节点和虚箭线,来切断没有逻辑关系的工作之间的联系,这种方法称为"断路法"。如图 3-16 所示,将引发错误的各节点前均增加了一个节点和一条虚箭线,使错误得到改正。

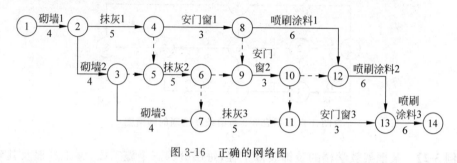

图 3-16　正确的网络图

3.2.3　双代号网络计划时间参数的计算

1. 概述

网络图绘制,只是用网络的形式表达出了工作之间的逻辑关系,还必须通过计算求出工期,得到一定的时间参数。

1) 计算的目的

(1) 找出关键线路。前面介绍关键线路时,是在列出网络图的各条线路后,找出其耗时最长的线路即为关键线路。而对于较大或较复杂的网络图,线路很多,难以一一理出,必须通过计算来找出关键线路和关键工作。以便对网络图进行调整优化,并在施工过程中抓住主要矛盾。

(2) 计算出时差。时差是在工作或线路中存在的机动时间。通过计算时差可以看出每项非关键工作有多少可以利用的机动时间,在非关键线路上有多大的潜力可挖,以便向非关键线路去要劳动力、要资源,调整其工作开始及持续的时间,以达到优化网络计划和保证工期的目的。

(3) 求出工期。网络图绘制后,需通过计算求出按该计划执行所需的总时间,即计算工期。然后,要结合任务委托人的要求工期,综合考虑可能和需要,确定出工程的计划工期。因此,计算工期是拟定工程计划工期的基础,也是检查计划合理性的依据。

2) 计算条件

本章只研究肯定型网络计划。因此,其计算必须是在工作、工作的持续时间以及工作之间的逻辑关系都已确定的情况下进行。

3) 计算内容

网络计划的时间参数主要包括:每项工作的最早可能开始和完成时间、最迟必须开始和完成时间、总时差、自由时差等六个参数及计算工期。

4）计算手段与方法

对于较为简单的网络计划,可以采用手算,复杂者应采用计算机程序进行编制、绘图与计算。相应的工程项目计划管理软件都具备这种功能。但手算是基础,掌握计算原理与方法是理解时间参数的意义、使用计算机软件和调整、应用网络计划的必要条件。

常用的计算方法有图上计算法、表上计算法等。计算时,可以直接计算出工作的时间参数,也可先计算出节点的时间参数,再推算出工作的时间参数。下面,主要介绍工作时间参数的图上计算法和节点标号快速计算法。

2. 图上计算法

首先,应明确几个名词,见图 3-17。对于正在计算的某项工作,称为"本工作"。紧排在本工作之前的工作,都叫本工作的紧前工作;紧排在本工作之后的各项工作,都叫本工作的紧后工作。

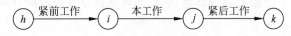

图 3-17　本工作的紧前、紧后工作

各工作的时间参数计算完成后,应标注在水平箭线的上方或垂直箭线的左侧。标注的形式及每个参数的位置见图 3-18。

此外,网络计划的各种参数计算必须依据统一的时刻标准。因此规定:无论工作的开始时间或完成时间,都一律以时间单位的刻度线上所标时刻为准,即"某天以后开始","第某天末完成"。如图 3-19 所示,称工程的第一项工作 A 是从"0 天以后开始"(实际上是从第 1 天开始),"第 3 天末完成"。称它的紧后工作 B 在"3 天以后开始"(而实际上是从第 4 天开始),"第 5 天末完成"。

最早开始时间 (ES)	最早完成时间 (EF)	总时差 (TF)
最迟开始时间 (LS)	最迟完成时间 (LF)	自由时差 (FF)

i ————————→ j

图 3-18　时间参数标注形式

施工过程	持续时间/d	施工进度/d				
		0　　1	2	3	4	5
		1	2	3	4	5
A	3					
B	2					

图 3-19　开始与完成时间示意图

1）最早时间的计算

最早时间包括工作最早开始时间和工作最早完成时间。

（1）工作最早开始时间（ES）

工作最早开始时间亦称工作最早可能开始时间。它是指紧前工作全都完成,具备了本工作开始的必要条件的最早时刻。工作 $i-j$ 的最早开始时间用 ES_{i-j} 表示。

① 计算顺序

由于最早开始时间是以紧前工作的最早完成时间为依据,因此该种参数的计算,必须从起点节点开始,顺箭线方向逐项进行,直到终点节点为止。

② 计算方法

凡与起点节点相连的工作都是计划的起始工作,当未规定其最早开始时间 ES_{i-j} 时,其值都定为零。即:

$$ES_{i-j} = 0 \quad (其中\ i = 1) \tag{3-1}$$

所有其他工作的最早开始时间,均取其各紧前工作最早完成时间(EF_{h-i})中的最大值。即:

$$ES_{i-j} = \max\{EF_{h-i}\} \tag{3-2}$$

（2）工作最早完成时间（EF）

它是指工作按最早开始时间开始时,可能完成的最早时刻。其值等于该工作最早开始时间与其持续时间（D_{i-j}）之和。计算公式为

$$EF_{i-j} = ES_{i-j} + D_{i-j} \tag{3-3}$$

在某项工作的最早开始时间计算后,应立即将其最早完成时间计算出来,以便于其紧后工作的计算。

（3）计算示例

【例 3-3】　计算如图 3-4 所示网络图各项工作的最早开始和最早完成时间。将计算出的工作参数按要求标注于图上,见图 3-20。

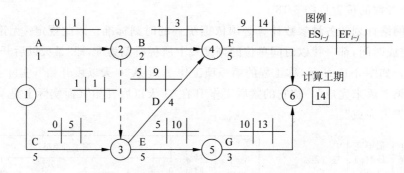

图 3-20　用图上计算法计算工作的最早时间

【解】　工作 1—2、工作 1—3 均是该网络计划的起始工作,所以 $ES_{1-2}=0$,$ES_{2-3}=0$。工作 1—2 的最早完成时间为 $EF_{1-2}=ES_{1-2}+D_{1-2}=0+1=1d$ 末。同理,工作 1—3 的最早完成时间为 $EF_{1-3}=0+5=5d$ 末。

工作 2—4 的紧前工作是 1—2,因此 2—4 的最早开始时间就等于工作 1—2 的完成时间,为 1d 以后;工作 2—4 的完成时间为 $1+2=3d$ 末。同理,工作 2—3 的最早开始时间也为 1d 以后,完成时间为 $1+0=1d$ 末。在这里需要注意,虚工作也必须同样进行计算。

工作 3—4 有 1—3 和 2—3 两个紧前工作,应待其全都完成,3—4 才能开始,因此 3—4 的最早开始时间应取 1—3 和 2—3 最早完成时间的大值,即 $ES_{3-4}=\max\{5,1\}=5d$ 以后;工作 3—4 的最早完成时间 $EF_{3-4}=ES_{3-4}+D_{3-4}=5+4=9d$ 末。同理,工作 3—5 的最早开始时间也为 5d 以后,最早完成时间为 $5+5=10d$ 末。

其他工作的计算与此类似。计算结果见图 3-20。

（4）计算规则

通过以上的计算分析,可归纳出最早时间的计算规则,概括为:"顺线累加,逢多取大。"

（5）确定网络计划的工期

当全部工作的最早开始与最早完成时间计算完后，若假设终点节点后面还有工作，则其最早开始时间即为该网络计划的"计算工期"。本例中，计算工期 $T_C = 14d$。

有了计算工期，还须确定网络计划的"计划工期" T_P。当未对计划提出工期要求时，可取计划工期 $T_P = T_C$。当上级主管部门提出了"要求工期" T_r 时，则应取计划工期 $T_P \leqslant T_r$。本例中，由于没有规定要求工期，所以将计算工期就作为计划工期，即： $T_P = T_C = 14d$。

2）最迟时间的计算

工作最迟时间包括"最迟开始"和"最迟完成"两个时间参数。

（1）最迟完成时间（LF）

工作最迟完成时间亦称工作最迟必须完成时间。它是指在不影响整个工程按期（计划工期）完成的条件下，一项工作必须完成的最迟时刻，工作 $i-j$ 的最迟完成时间用 LF_{i-j} 表示。

① 计算顺序。该计算需依据计划工期或紧后工作的要求进行。因此，应从网络图的终点节点开始，逆着箭线方向朝起点节点依次逐项计算，也即形成一个逆箭线方向的减法过程。

② 计算方法。网络计划中终结工作 $i-n$ 的最迟完成时间 LF_{i-n} 应按计划工期 T_P 确定，即

$$LF_{i-n} = T_P \tag{3-4}$$

其他工作 $i-j$ 的最迟完成时间，等于其各紧后工作最迟开始时间中的最小值。就是说，本工作的最迟完成时间不得影响任何紧后工作，进而不影响工期。计算公式如下：

$$LF_{i-j} = \min\{LS_{j-k}\} \tag{3-5}$$

（2）最迟开始时间（LS）

工作的最迟开始时间亦称最迟必须开始时间。它是在保证工作按最迟完成时间完成的条件下，该工作必须开始的最迟时刻。计算方法如下：

$$LS_{i-j} = LF_{i-j} - D_{i-j} \tag{3-6}$$

（3）计算示例

若按图 3-20 所得到的计算工期被确认为计划工期时，该网络计划的最迟时间计算如下。

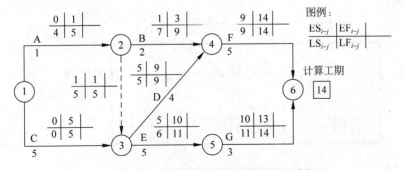

图 3-21　用图上计算法计算工作的最迟时间

图 3-21 中，4—6 和 5—6 均为结束工作，所以最迟完成时间就等于计划工期，即：

$$LF_{4-6} = LF_{5-6} = 14d。$$

工作 4—6 需持续 5d,故其最迟开始时间为 14－5＝9d 以后；工作 5—6 需持续 3d,故其最迟开始时间为 14－3＝11d 以后。

工作 3—5 的紧后工作是 5—6,而 5—6 的最迟开始时间是 11d 以后,所以工作 3—5 最迟要在 11d 末完成；则 3—5 的最迟开始时间为 11－5＝6d 以后。

工作 3—4 的紧后工作是 4—6,而 4—6 的最迟开始时间是 9d 以后,所以 3—4 最迟要在 9d 末完成；则 3—4 的最迟开始时间为 9－4＝5d 以后。

工作 1—3 的紧后工作有 3—4 和 3—5 两项,其最迟开始时间分别为 5d 以后和 6d 以后,最小值为 5,所以 1—3 最迟要在 5d 末完成；则 1—3 的最迟开始时间为 5－5＝0d 以后。

其他工作的最迟时间计算与此类似。计算结果见图 3-21。

(4) 计算规则

通过以上计算分析,可归纳出工作最迟时间的计算规则,即"逆线累减,逢多取小"。

3) 工作时差的计算

时差是指在工作或线路中可以利用的机动时间。这个机动时间也可以说是最多允许推迟的时间。时差越大,工作的时间潜力也越大。常用的时差有工作总时差和工作自由时差。

(1) 总时差(TF)

它是指在不影响计划工期的前提下,一项工作可以利用的机动时间。

① 计算方法

工作总时差等于工作最早开始时间到最迟完成时间这段极限活动范围,再扣除工作本身必需的持续时间所剩余的差值。用公式表达如下：

$$TF_{i-j} = LF_{i-j} - ES_{i-j} - D_{i-j} \tag{3-7}$$

稍加变换可得

$$TF_{i-j} = LF_{i-j} - (ES_{i-j} + D_{i-j}) = LF_{i-j} - EF_{i-j} \tag{3-8}$$

或

$$TF_{i-j} = (LF_{i-j} - D_{i-j}) - ES_{i-j} = LS_{i-j} - ES_{i-j} \tag{3-9}$$

从式(3-8)和式(3-9)中可看出,利用已求出的本工作最迟与最早开始时间或最迟与最早完成时间相减,都可算出本工作的总时差。如图 3-22 中,工作 1—2 的总时差为 4—0＝4 或 5—1＝4,将其标注在图上双十字的右上角。其他计算结果见图 3-22。

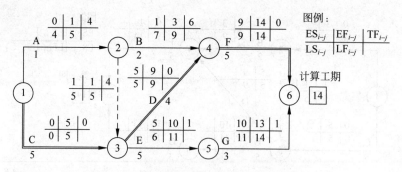

图 3-22 用图上计算法计算工作的总时差

② 计算目的

通过总时差的计算,可以方便地找出网络图中的关键工作和关键线路。总时差为零者,意味着该工作没有机动时间,即为关键工作(当计划工期与计算工期不相等时,总时差为最小值者是关键工作)。由关键工作所构成的线路或总持续时间最长的线路,就是关键线路。在图 3-22 中,双箭线所表示的①→③→④→⑥即为关键线路。在一个网络计划中,关键线路至少有一条,但不一定只有一条。

工作总时差是网络计划调整与优化的基础,是控制施工进度、确保工期的重要依据。需要注意,若利用工作总时差,将可能影响其后续工作的最早开工时间(但不影响最迟开始时间),可能引起相关线路上各项工作时差的重新分配。

(2) 自由时差(FF)

自由时差是总时差的一部分,是指一项工作在不影响其紧后工作最早开始的前提下,可以利用的机动时间。工作 $i-j$ 的自由时差用符号 FF_{i-j} 表示。

① 计算方法

用紧后工作的最早开始时间减本工作的最早完成时间即可。用公式表达如下:

$$FF_{i-j} = ES_{j-k} - EF_{i-j} \tag{3-10}$$

对于网络计划的结束工作,应将计划工期看作紧后工作的最早开始时间进行计算。

如图 3-23 所示,工作 1—2 的最早完成时间为 1d 末,而其紧后工作 2—3 和工作 2—4 的最早开始时间为 1d 以后,所以工作 1—2 的自由时差为 $1-1=0$。工作 2—4 的自由时差为 $9-3=6$。工作 5—6 是结束工作,所以其自由时差应为 $14-13=1$d。其他工作的计算结果见图图 3-23。

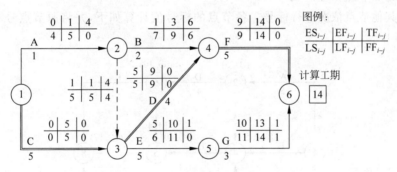

图 3-23　用图上计算法计算工作的自由时差

最后工作的自由时差均等于总时差。当计划工期等于计算工期时,总时差为零者,自由时差亦为零。当计划工期不等于计算工期时,最后关键工作的自由时差与其总时差相等,其他关键工作的自由时差均为零。

② 计算目的

自由时差的利用不会对其他工作产生影响,因此常利用其来变动工作的开始时间或增加持续时间,以达到工期调整和资源优化的目的。

3. 节点标号法

当只需求出网络计划的计算工期和找出关键线路时,可采用节点标号法进行快速计算。其步骤如下:

(1) 设网络计划起点节点的标号值为零,即 $b_1 = 0$。

(2) 顺箭线方向逐个计算节点的标号值。每个节点的标号值,等于以该节点为完成节

点的各工作的开始节点标号值与相应工作持续时间之和的最大值,即:

$$b_j = \max\{b_i + D_{i-j}\} \tag{3-11}$$

将标号值的来源节点及得出的标号值标注在节点上方。

(3)节点标号完成后,终点节点的标号值即为计算工期。

(4)从网络计划终点节点开始;逆箭线方向按源节点寻求出关键线路。

【例3-4】　已知某网络计划如图3-24所示,试用标号法求出工期并找出关键线路。

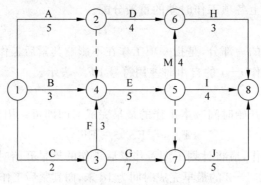

图3-24　某工程网络图

【解】

(1)设起点节点标号值 $b_1 = 0$。

(2)对其他节点依次进行标号。各节点的标号值计算如下,并将源节点号和标号值标注在图3-25中。

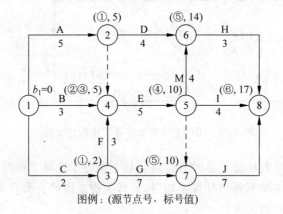

图例:(源节点号,标号值)

图3-25　对节点进行标号

$$b_2 = b_1 + D_{1-2} = 0 + 5 = 5;$$

$$b_3 = b_1 + D_{1-3} = 0 + 2 = 2;$$

$$b_4 = \max\{(b_1 + D_{1-4}), (b_2 + D_{2-4}), (b_3 + D_{3-4})\}$$
$$= \max\{(0+3), (5+0), (2+3)\} = 5;$$

$$b_5 = b_4 + D_{4-5} = 5 + 5 = 10;$$

$$b_6 = b_5 + D_{5-6} = 10 + 4 = 14;$$

$$b_7 = b_5 + D_{5-7} = 10 + 0 = 10;$$

$$b_8 = \max\{(b_5 + D_{5-8}),(b_6 + D_{6-8}),(b_7 + D_{7-8})\}$$

$$= \max\{(10 + 4),(14 + 3),(10 + 5)\} = 17。$$

（3）该网络计划的工期为 17。

（4）根据源节点逆箭线寻求出关键线路。两条关键线路如图 3-26 中双线所示。

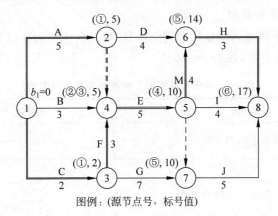

图例：(源节点号，标号值)

图 3-26　据源节点逆线找出关键线路

3.3　单代号网络计划

单代号网络计划的逻辑关系容易表达，且不用虚箭线，便于检查和修改，易于编制搭接网络计划。但不易绘制成时标网络计划，使用不直观。

3.3.1　单代号网络图的绘制

1. 构成与基本符号

1) 节点

节点是单代号网络图的主要符号，用圆圈或方框表示。一个节点代表一项工作或工序，因而消耗时间和资源。节点的一般表达形式如图 3-27 所示。

图 3-27　单代号网络图节点形式

2) 箭线

箭线在单代号网络图中，仅表示工作之间的逻辑关系。其既不占用时间，也不消耗资源。箭线的箭头表示工作的前进方向,箭尾节点表示的工作是箭头节点的紧前工作。

3)编号

每个节点都必须编号,作为该节点工作的代号。一项工作只能有唯一的一个节点和唯一的一个代号,严禁出现重号。编号要由小到大,即箭头节点的号码要大于箭尾节点的号码。

2. 单代号网络图绘制规则

绘制单代号网络图的规则与双代号网络图基本相同,主要包括以下几点:

(1) 正确表达逻辑关系,如表 3-3 所示。

表 3-3　单代号网络图工作逻辑关系表示方法

序　号	工作之间的逻辑关系	网络图中的表示方法
1	A 工作完成后进行 B 工作	A → B
2	B、C 工作都完成后进行 D 工作	B、C → D
3	A 工作完成后进行 C 工作,B 工作完成后进行 C、D 工作	A → C；B → C、D
4	A、B 工作均完成后进行 C、D 工作	A、B → C、D

(2) 严禁出现循环回路。

(3) 严禁出现无箭尾节点或无箭头节点的箭线。

(4) 只能有一个起点节点和一个终点节点。当开始的工作或结束的工作不只一项时,应设虚拟起点节点(S_t)或终点节点(F_{in}),以避免出现多个起点或多个终点。

如某工程有四个分项工程,逻辑关系为:A、B 两工作同时开始,A 工作完成后进行 C 工作,B 工作完成后可同时进行 C、D 工作。在此,最前面两项工作(A、B)同时开始,而最后两项工作(C、D)又可同时结束,则其单代号网络图就必须虚拟开始节点和结束节点,见图 3-28。

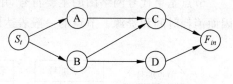

图 3-28　带虚拟节点的网络图

3. 单代号网络图绘制示例

【例 3-5】　某工程分为三个施工段,施工过程及其延续时间为:砌围护墙及隔墙 12d,内外抹灰 15d,安铝合金门窗 9d,喷刷涂料 12d。拟组织瓦工、抹灰工、木工和油工四个专业队组进行施工。试绘制单代号网络图。

【解】　按照给定的逻辑关系绘制,然后进行节点编号,见图 3-29。

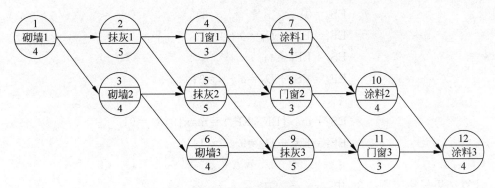

图 3-29 单代号网络图绘图示例

3.3.2 单代号网络计划时间参数的计算

单代号网络计划时间参数的概念与双代号网络计划相同。以图 3-29 所示网络图为例，说明其时间参数计算方法与过程，计算结果见图 3-30。

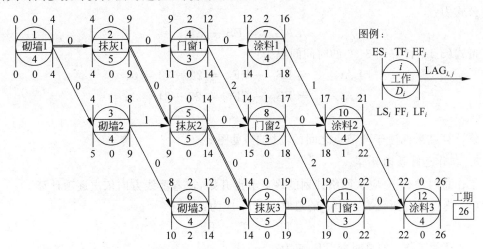

图 3-30 单代号网络计划时间参数计算示例

1. 工作最早时间的计算

从起点节点开始，顺箭头方向依次进行。"顺线累加，逢多取大"。

（1）最早开始时间（ES）

起点节点（起始工作）的最早开始时间如无规定，其值为零；其他工作的最早开始时间等于其紧前工作最早完成时间的最大值，即：

$$ES_i = \max\{EF_h\} \tag{3-12}$$

（2）最早完成时间（EF）

一项工作的最早完成时间就等于其最早开始时间与本工作持续时间之和，即：

$$EF_i = ES_i + D_i \tag{3-13}$$

图 3-30 所示的最早开始时间和最早完成时间计算如下：

$$ES_1 = 0;$$
$$EF_1 = ES_1 + D_1 = 0 + 4 = 4;$$
$$ES_2 = EF_1 = 4;$$
$$EF_2 = ES_2 + D_2 = 4 + 5 = 9;$$
$$\vdots$$
$$ES_5 = \max\{EF_2, EF_3\} = \max\{9, 8\} = 9;$$
$$EF_5 = ES_5 + D_5 = 9 + 5 = 14;$$
$$\vdots$$

计算结果标注于图 3-30 中。

终点节点的最早完成时间即为计算工期 T_C。无"要求工期"时,取计划工期等于计算工期 T_P。

2. 相邻两项工作时间间隔的计算

时间间隔(LAG)是指相邻两项工作之间可能存在的最大间歇时间。i 工作与 j 工作的时间间隔记为 $LAG_{i,j}$。其值为后项工作的最早开始时间与前项工作的最早完成时间之差。计算公式为:

$$LAG_{i,j} = ES_j - EF_i \tag{3-14}$$

按式(3-14)计算图 3-30 的时间间隔为:

$$LAG_{11,12} = ES_{12} - EF_{11} = 22 - 22 = 0;$$
$$LAG_{10,12} = ES_{12} - EF_{10} = 22 - 21 = 1;$$
$$\vdots$$

将计算结果标注于两节点之间的箭线上,见图 3-30。

3. 工作总时差的计算

工作总时差(TF)应从网络计划的终点节点开始,逆着箭线方向依次逐项计算。

(1) 终点节点所代表工作 n 的总时差 TF_n 应为:

$$TF_n = T_P - EF_n \tag{3-15}$$

(2) 其他工作 i 的总时差 TF_i 应为:

$$TF_i = \min\{TF_j + LAG_{i,j}\} \tag{3-16}$$

图 3-30 的工作总时差计算如下:

$$TF_{12} = T_P - EF_{12} = 26 - 26 = 0;$$
$$TF_{11} = TF_{12} + LAG_{11,12} = 0 + 0 = 0;$$
$$TF_{10} = TF_{12} + LAG_{10,12} = 0 + 1 = 1;$$
$$TF_9 = TF_{11} + LAG_{9,11} = 0 + 0 = 0;$$
$$TF_8 = \min\{(TF_{10} + LAG_{8,10}), (TF_{11} + LAG_{8,11})\}$$
$$= \min\{(1 + 0), (0 + 2)\} = 1;$$
$$\vdots$$

依此类推,可计算出其他工作的总时差,标注于图 3-30 的节点上部。

4. 工作自由时差的计算

工作自由时差(FF)的计算没有顺序要求,按以下规定进行:

（1）终点节点所代表工作 n 的自由时差 FF_n 应为：

$$FF_n = T_P - EF_n \tag{3-17}$$

（2）其他工作 i 的自由时差 FF_i 应为：

$$FF_i = \min\{LAG_{i,j}\} \tag{3-18}$$

图 3-30 所示的工作自由时差计算如下：

$$FF_{12} = T_P - EF_{12} = 26 - 26 = 0;$$

$$FF_{11} = LAG_{11,12} = 0;$$

$$FF_{10} = LAG_{10,12} = 1;$$

$$FF_9 = LAG_{9,11} = 0;$$

$$FF_8 = \min\{LAG_{8,10}, LAG_{8,11}\} = \min\{0, 2\} = 0;$$

$$\vdots$$

依此类推，可计算出其他工作的自由时差，标注于图 3-30 的节点下部。

5. 工作最迟时间的计算

1）最迟完成时间

（1）终点节点的最迟完成时间等于计划工期。即：

$$LF_n = T_P。 \tag{3-19}$$

（2）其他工作的最迟完成时间等于其各紧后工作最迟开始时间的最小值。即：

$$LF_i = \min\{LS_j\} \tag{3-20}$$

或等于本工作最早完成时间与总时差之和。即：

$$LF_i = EF_i + TF_i \tag{3-21}$$

根据公式（3-19）和公式（3-21），计算图 3-30 的最迟完成时间，如下：

$$LF_{12} = T_P = 26;$$

$$LF_{11} = EF_{11} + TF_{11} = 22 + 0 = 22;$$

$$LF_{10} = EF_{10} + TF_{10} = 21 + 1 = 22;$$

$$\vdots$$

依此类推，计算结果标注于图 3-30。

2）最迟开始时间

工作的最迟开始时间等于其最迟完成时间减去本工作的持续时间，即：

$$LS_i = LF_i - D_i \tag{3-22}$$

或等于本工作最早开始时间与总时差之和。即：

$$LS_i = TF_i + ES_i \tag{3-23}$$

根据公式（3-22），计算图 3-30 的最迟开始时间，如下：

$$LS_{12} = LF_{12} - D_{12} = 26 - 4 = 22;$$

$$LS_{11} = LF_{11} - D_{11} = 22 - 3 = 19;$$

$$LS_{10} = LF_{10} - D_{10} = 22 - 4 = 18;$$

$$\vdots$$

依此类推，计算结果标注于图 3-30。

以上各项时间参数的计算顺序为：$ES_i \to EF_i \to T_C \to T_P \to LAG_{i,j} \to TF_i \to FF_i \to LF_i \to$

LS_i。此外,也可以按双代号网络图的计算方法进行计算,其计算顺序为:$ES_i \rightarrow EF_i \rightarrow T_C \rightarrow T_P \rightarrow LF_i \rightarrow LS_i \rightarrow TF_i \rightarrow FF_i \rightarrow LAG_{i,j}$。

6. 确定关键工作和关键线路

同双代号网络图一样,总时差为最小值的工作是关键工作。当计划工期等于计算工期时,总时差最小值为零,则总时差为零的工作就是关键工作。自始至终全由关键工作组成,且总持续时间最长的线路为关键线路。

单代号网络图的关键线路宜通过工作之间的时间间隔 $LAG_{i,j}$ 来判断,即自终点节点至起点节点的全部 $LAG_{i,j}=0$ 的线路为关键线路。图 3-30 所示的关键线路见图中双线。

3.4 双代号时标网络计划

3.4.1 时标网络计划的特点

时标网络计划是以时间坐标为尺度编制的网络计划。其不但具有一般网络计划的优点,而且通过箭线长度及节点的位置,可明确表达工作的持续时间及工作之间的时间关系,是目前应用最广的网络计划形式。其综合了一般网络计划和横道图计划的优点,具有以下特点:

(1) 能够清楚地展现计划的时间进程,不但工作间的逻辑关系明确,而且时间关系也一目了然,大大方便了使用。

(2) 直接显示各项工作的开始与完成时间、工作的自由时差和关键线路,可大大节省编制时的计算量;也便于执行中的调整与控制。

(3) 可以通过叠加确定各个时段的材料、机具、设备及人力等资源的需要量。利于制定施工准备计划和资源需要量计划,也为进行资源优化提供了便利。

(4) 由于箭线的长度受到时间坐标的制约,故绘图比较麻烦;且修改其中一项就可能引起整个网络图的变动。因此,宜利用计算机程序软件进行该种计划的编制与管理。

3.4.2 时标网络计划的绘制

1. 绘制要求

(1) 时标网络计划需绘制在带有时间坐标的表格上。其时间单位应在编制计划之前根据需要确定,可以小时、天、周、旬、月等为单位,构成工作时间坐标体系,也可同时加注日历,更能方便使用。时间坐标可以标注在图的顶部、底部或上下都标注。

(2) 节点中心必须对准时间坐标的刻度线,以避免误会。

(3) 以实箭线表示工作,以虚箭线表示虚工作,以水平波形线表示自由时差或与紧后工作之间的时间间隔。

(4) 箭线宜采用水平箭线或水平段与垂直段组成的箭线形式,不宜用斜箭线。虚工作必须用垂直虚箭线表示,其时间间隔应用水平波形线表示。

（5）时标网络计划宜按最早时间编制，以保证实施的可靠性。

2．绘制方法

时标网络计划的编制应在绘制草图后，直接进行绘制或经计算后按时间参数绘制。

1）按时间参数绘制法

该法是先绘制出标时网络计划，计算出时间参数并找出关键线路后，再绘制成时标网络计划。具体步骤如下：

（1）绘制时标表。

（2）将每项工作的箭尾节点按最早开始时间定位在时标表上，其布局应与标时网络计划基本相当，然后编号。

（3）用实箭线形式绘制出工作箭线，当某些工作箭线的长度不足以达到该工作的完成节点时，用波形线补足，箭头画在波形线与节点连接处。

（4）用垂直虚箭线绘制虚工作，虚工作的自由时差也用水平波形线补足。

2）直接绘制法

该法是不计算网络计划的时间参数，直接按草图或逻辑关系及各项工作的延续时间绘制时标网络计划。绘制步骤如下：

（1）绘制时标表。

（2）将起点节点定位于时标表的起始刻度线上。

（3）按工作的持续时间在时标表上绘制起点节点的外向箭线。

（4）工作的箭头节点必须在其所有的内向箭线绘出以后，定位在这些内向箭线中最晚完成的实箭线箭头处。

（5）某些内向实箭线长度不足以到达该箭头节点时，用波形线补足。虚箭线应垂直绘制，如果虚箭线的开始节点和结束节点之间有水平距离时，也以波形线补足。

（6）用上述方法自左至右依次确定其他节点的位置。

3．绘制示例

【例 3-6】　某装修工程有三个楼层，有吊顶、顶墙涂料和铺木地板三个施工过程。其中每层吊顶确定为三周、顶墙涂料定为两周、铺木地板定为一周完成。试绘制时标网络计划。

【解】　先绘制其时标网络计划草图，如图 3-31 所示。再按上述要求绘制时标网络计划，如图 3-32 所示。绘图时，应使节点尽量向左靠，并避免箭线向左斜。当工期较长时，宜标注持续时间。

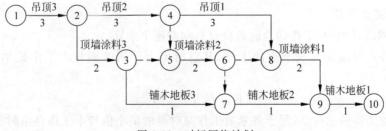

图 3-31　时标网络计划

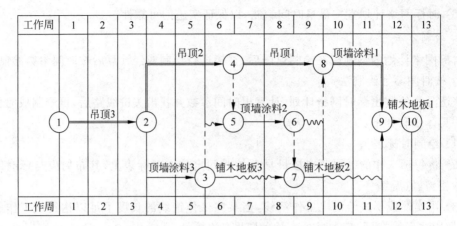

图 3-32　据图 3-31 绘制的时标网络计划

3.4.3　时标网络计划关键线路和时间参数的判定

1. 关键线路的判定与表达

自时标网络计划图的终点节点至起点节点逆箭线方向观察,自始至终无波形线的线路即为关键线路。在图 3-32 中,①→②→④→⑧→⑨→⑩为关键线路。关键线路要用粗线、双线或彩色线明确表达。

2. 时间参数的判定与推算

1) 计划工期的判定

终点节点与起点节点所在位置的时标差值,即为"计划工期"。当起点节点处于时标表的零点时,终点节点所处的时标点即是计划工期。如图 3-32 所示网络计划的工期为 12 周。

2) 最早时间的判定

工作箭线箭尾节点中心所对应的时标值,为该工作的最早开始时间。箭头节点中心或与波形线相连接的实箭线右端的时标值,为该工作的最早完成时间。图 3-32 中,"顶墙涂料3"的最早开始时间为 3 周以后(实际上是第四周),最早完成时间为第五周末;"铺木地板3"的最早开始时间为 5 周以后(实际上是第 6 周),最早完成时间为第 6 周末。

3) 自由时差值的判定

在时标网络计划中,工作的自由时差值等于其波形线的水平投影长度。图 3-32 中,"铺木地板3"的自由时差为 2 周。

4) 总时差的推算

在时标网络计划中,工作的总时差应自右向左逐个推算。

(1) 以终点节点为完成节点的工作,其总时差为计划工期与本工作最早完成时间之差。即

$$TF_{i-n} = T_P - EF_{i-n} \tag{3-24}$$

(2) 其他工作的总时差,等于各紧后工作总时差的最小值与本工作自由时差之和。即

$$TF_{i-j} = \min\{TF_{j-k}\} + FF_{i-j} \tag{3-25}$$

如图 3-32 中,"铺木地板1"和"顶墙涂料1"的总时差均为 0;"铺木地板2"的总时差为

$0+2=2$；虚工作 6—8 的总时差为 $0+1=1,6$—7 的总时差为 $2+0=2$；"铺木地板 3"的总时差为 $2+2=4$；"顶墙涂料 2"有 6—7、6—8 两项紧后工作，其总时差为

$$TF_{5-6} = \min\{TF_{6-8}, TF_{6-7}\} + FF_{5-6} = \min\{1,2\} + 0 = 1。$$

必要时，可在计算后将总时差标注在波形线或实箭线之上。

5）最迟时间的推算

由于已知最早开始时间和最早完成时间，又知道了总时差，故工作的最迟完成和最迟开始时间可分别用以下两公式算出：

$$LF_{i-j} = TF_{i-j} + EF_{i-j} \tag{3-26}$$

$$LS_{i-j} = TF_{i-j} + ES_{i-j} \tag{3-27}$$

图 3-32 中，"铺木地板 3"的最迟完成时间为 $4+6=10$ 周末，最迟开始时间为 $4+5=9$ 周以后（即第 10 周）。

3.5　单代号搭接网络计划

在前述的网络计划中，所表达的工作之间的逻辑关系仅是一种衔接关系，即只有在紧前工作全部完成之后，本工作才能开始。但在实际工程中，有许多工作只要在前项工作开始一定时间后就可进行，这种工作之间的关系称为搭接关系。如在管道工程中，"挖沟、铺管、焊接和回填"各项工作之间往往搭接进行，难以用前述网络计划形式明确表达。

搭接网络计划能够简单、直接地表达工作之间的各种搭接关系，并使网络计划的编制简化。常采用单代号网络图的形式，仅在箭线上增加"时距"标注。所谓"时距"，是指在搭接网络计划中相邻两项工作之间的时间差值。

3.5.1　搭接关系的种类及其表达方式

在单代号搭接网络计划中，工作的搭接关系有五种基本形式。

1. 完成到开始（FTS）的搭接关系

指相邻两工作，前项工作 i 完成后，经过 FTS 时距，后项工作 j 才能开始的搭接关系，如图 3-33 所示。

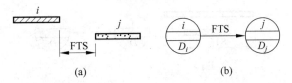

图 3-33　FTS 搭接关系及其表达形式

(a) 横道图表达；(b) 网络计划中的表达

例如在砖基础砌筑完成后，需待砂浆达到一定强度后才可进行回填土，以防墙体变形。这个间歇时间就是 FTS 时距。

当 FTS＝0 时，表示相邻两工作之间没有间歇时间，即前项工作完成后，后项工作即可

开始。当整个网络计划所有工作之间仅有 FTS 一种搭接关系且其时距均为零时,则该网络计划就成为前述的单代号网络计划了。

2. 开始到开始(STS)的搭接关系

指相邻两工作,前项工作 i 开始以后,经过 STS 时距,后项工作 j 才能开始的搭接关系。其形式及表达方式如图 3-34 所示。

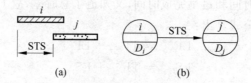

图 3-34　STS 搭接关系及其表达形式
(a) 横道图表达;(b) 网络计划中的表达

例如在管线铺设工程中,当挖沟开始一段时间后,即可开始进行管线铺设,其开始时间的差值即为 STS 时距。

3. 完成到完成(FTF)的搭接关系

指相邻两工作,前项工作 i 完成后,经过 FTF 时距,后项工作 j 才能完成的搭接关系。其形式及表达方式如图 3-35 所示。

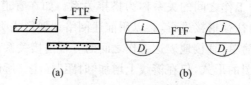

图 3-35　FTF 搭接关系及其表达形式
(a) 横道图表达;(b) 网络计划中的表达

例如前述工程中,即便挖沟进展速度低于铺管进展速度,也必须保证铺管晚于挖沟一定时间完成。这两项工作完成时间的差值即为 FTF 时距。

4. 开始到完成(STF)的搭接关系

指相邻两工作,前项工作 i 开始以后,经过 STF 时距,后项工作才能完成的搭接关系。其形式及表达方式如图 3-36 所示。

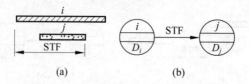

图 3-36　STF 搭接关系及其表达形式
(a) 横道图表达;(b) 网络计划中的表达

例如砌墙进展到一定程度后开始搭脚手架,但搭脚手架完成后才能砌筑上一部分墙体,故需控制搭脚手架完成时间以保证上部墙体砌筑。这种后项工作结束与前项工作开始时间的差值即为 STF 时距。

5. 混合搭接关系

如果两个工作之间同时存在上述基本搭接关系中的两种,则这种具有双重约束的关系称为"混合搭接关系"。例如工作 i 和 j 之间可能同时存在 STS 和 FTF 时距,或同时存在 FTS 和 STF 时距等。其形式及表达方式如图 3-37 所示。

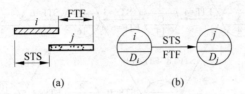

图 3-37　STS 和 FTF 混合搭接关系及其表达形式
(a)横道图表达;(b)网络计划中的表达

3.5.2　单代号搭接网络计划图的绘制

搭接网络图的绘图方法与单代号网络图基本相同。首先根据工作间的逻辑关系编制逻辑关系表,确定相邻工作的搭接类型与时距;绘制单代号网络图后,将时距标注在箭线上。

【例 3-7】　根据表 3-4 所列某工程项目的工作逻辑关系及搭接关系、搭接时距,绘制该工程项目的单代号搭接网络计划图。

表 3-4　某工程项目的工作搭接关系与时距

工作名称	持续时间	紧前工作	与紧前工作的时距
A	4	—	—
B	8	A	STS=2
C	14	A	FTF=4
D	10	A	STF=8
E	10	B C	FTS=2 STS=6
G	16	C D	STS=3,FTF=6 FTF=14
H	4	D	FTS=0
K	4	E G	STS=4 STF=6
M	6	H G	FTF=4 STF=2

按逻辑关系绘制单代号网络计划图。由于有 K、M 两个最后工作,所以需补充虚拟结束节点(F_{in})。需要注意,单代号搭接网络图一般均需有虚拟起点节点和虚拟终点节点,故还需补充虚拟起点节点(S_t)。然后编号和标注时距。见图 3-38。

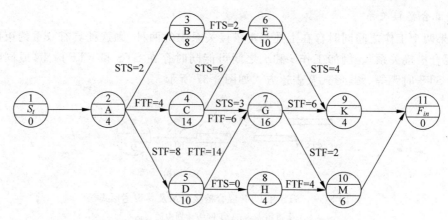

图 3-38　按表 3-4 绘制的单代号搭接网络计划图

3.5.3　单代号搭接网络计划的计算

计算的内容和原理与单代号网络计划基本相同,区别仅在于计算过程中需要考虑搭接时距。现以图 3-38 为例,说明其计算方法。

1. 计算工作的最早开始时间(ES)和最早完成时间(EF)

1) 起点节点

由于起点节点为虚拟工作,持续时间为零,故其最早开始时间和最早完成时间均为零。即

$$ES_S = EF_S = 0$$

2) 与虚拟起点节点相联的工作

凡是与虚拟起点节点相联的工作,其最早开始时间为零,最早完成时间应等于其最早开始时间与持续时间之和。例如在本例中,工作 A 的最早开始时间:$ES_A = 0$;最早完成时间:$EF_A = ES_A + D_A = 0 + 4 = 4$。

3) 其他工作

其他工作的最早开始时间和最早完成时间应根据时距按下列公式计算(式中符号同前):

(1) 相邻时距为 FTS 时,

$$ES_j = EF_i + FTS_{i,j} \tag{3-28}$$

(2) 相邻时距为 STS 时,

$$ES_j = ES_i + STS_{i,j} \tag{3-29}$$

(3) 相邻时距为 FTF 时,

$$EF_j = EF_i + FTF_{i,j} \tag{3-30}$$

(4) 相邻时距为 STF 时,

$$EF_j = ES_i + STF_{i,j} \tag{3-31}$$

(5) 按以上公式计算出 ES_j 或 EF_j 后,即可计算出相应的 EF_j 或 ES_j。公式如下:

$$EF_j = ES_i + D_i \tag{3-32}$$

$$ES_j = EF_i - D_i \tag{3-33}$$

例如在本例中：

（1）工作 B 的最早开始时间根据公式(3-29)得

$$ES = ES_A + STS_{A,B} = 0 + 2 = 2$$

其最早完成时间根据公式(3-32) 得

$$EF_B = ES_B + D_B = 2 + 8 = 10$$

（2）工作 C 的最早完成时间根据公式(3-30)得

$$EF_C = EF_A + FTF_{A,C} = 4 + 4 = 8$$

其最早开始时间根据公式(3-33) 得

$$ES_C = EF_C - D_C = 8 - 14 = -6$$

工作 C 的最早开始时间出现负值，显然是不合理的。为此，应将工作 C 与虚拟工作 S（起点节点）用虚箭线相连，如图 3-39 所示。重新计算工作 C 的最早开始时间和最早完成时间得

$$ES_C = 0$$
$$EF_C = ES_C + D_C = 0 + 14 = 14$$

（3）工作 D 的最早完成时间根据公式(3-31)得

$$EF_D = ES_A + STF_{A,D} = 0 + 8 = 8$$

其最早开始时间根据公式(3-34) 得

$$ES_D = EF_D - D_D = 8 - 10 = -2$$

同工作 C 一样，工作 D 的最早开始时间也出现负值，故需将工作 D 与虚拟起点节点用虚箭线相连，如图 3-40 所示。重新计算工作 D 的最早开始时间和最早完成时间，得

$$ES_D = 0$$
$$EF_D = ES_D + D_D = 0 + 10 = 10$$

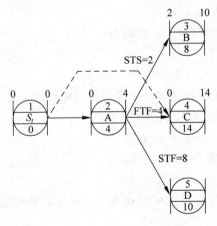
图 3-39 将工作 C 与起点节点相连示意图

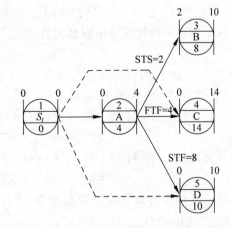
图 3-40 将工作 D 与起点节点相连示意图

（4）工作 E 有 B 和 C 两项紧前工作，应根据其搭接关系分别计算最早开始时间，并取大值。

首先，根据工作 E 与工作 B 之间的搭接关系，由公式(3-28)得

$$ES_E = EF_B + FTS_{B,E} = 10 + 2 = 12$$

其次，根据工作 E 与工作 C 之间的搭接关系，由公式(3-29)得

$$ES_E = Es_C + STS_{C,E} = 0 + 6 = 6$$

则工作 E 的最早开始时间为：$ES_E = \max[12,6] = 12$；其最早完成时间为：$EF_E = ES_E + D_E = 12 + 10 = 22$。

（5）工作 G 有 C 和 D 两项紧前工作，且与紧前工作 C 之间存在着两种搭接关系。这时，也应分别计算后取其中的最大值。

首先，根据工作 C 与工作 G 之间的 STS 时距，由公式（3-29）得

$$ES_G = ES_C + STS_{C,G} = 0 + 3 = 3$$

其次，根据工作 C 与工作 G 之间的 FTF 时距，由公式（3-30）和公式（3-33）得

$$EF_G = EF_C + FTF_{C,G} = 14 + 6 = 20$$
$$ES_G = EF_G - D_G = 20 - 16 = 4$$

最后，根据工作 D 与工作 G 之间的 FTF 时距，由公式（3-30）和公式（3-33）得

$$EF_G = EF_D + FTF_{D,G} = 10 + 14 = 24$$
$$ES_G = EF_G - D_G = 24 - 16 = 8$$

从上述 3 个计算结果中取最大值，得工作 G 的最早开始时间为：$ES_G = \max[3,4,8] = 8$，则最早完成时间为：$EF_G = ES_G + D_G = 8 + 16 = 24$。

（6）工作 H 的最早开始时间根据公式（3-28）得：$ES_H = EF_H + FTS_{D,H} = 10 + 0 = 10$，则其最早完成时间为：$EF_H = ES_H + D_H = 10 + 4 = 14$

（7）工作 K 有 E 和 G 两项紧前工作，应根据搭接关系分别计算后从中取最大值。

首先，根据工作 K 与工作 E 之间的 STS 时距，由公式（3-29）得

$$ES_K = ES_E + STS_{E,K} = 12 + 4 = 16$$

其次，根据工作 K 与工作 G 之间的 STF 时距，由公式（3-31）和公式（3-33）得

$$EF_K = ES_G + STF_{G,K} = 10 + 6 = 16$$
$$ES_K = EF_K - D_K = 16 - 4 = 12$$

从上述两个计算结果中取最大值，则工作 K 的最早开始时间为

$$ES_K = \max[16,12] = 16$$

于是，工作 K 的最早完成时间为： $EF_K = ES_K + D_K = 16 + 4 = 20$。

（8）工作 M 有 G 和 H 两项紧前工作，应根据搭接关系分别计算后从中取最大值。

首先，根据工作 M 与工作 G 之间的 STF 时距，由公式（3-31）得

$$EF_M = ES_G + STF_{G,M} = 10 + 2 = 12$$

其次，根据工作 M 与工作 H 之间的 FTF 时距，由公式（3-30）得

$$EF_M = EF_H + FTF_{H,M} = 14 + 4 = 18$$

从上述两个计算结果中取最大值，工作 M 的最早完成时间为 18，则其最早开始时间为：$ES_M = EF_M - D_M = 18 - 6 = 12$。

4）终点节点的最早时间计算及计算工期的确定

在搭接网络计划中，终点节点一般都为虚拟工作，持续时间为零，故其最早完成时间与最早开始时间相等，且为网络计划的计算工期。由于虚拟终点节点与前面工作不会有搭接关系，它的最早时间理应等于其紧前工作最早完成时间的最大值。但在搭接网络计划中，决定工期的工作不一定是最后的工作。因此，在用上述方法完成计算之后，还应检查其他工作的最早完成时间是否超过这个最大值。对超过者，应将它们与虚拟终点节点连接，也作为最

后工作,且取其最早完成时间的最大值作为终点节点的最早时间和网络计划的计算工期。

例如在本例中,最后进行的工作是 K 和 M,其最早完成时间分别是 20 和 18,但由于工作 G 的最早完成时间为 24、E 的最早完成时间为 22,均超过 max[20,18]＝20,故需将 G、E 工作分别用虚箭线与虚拟工作 F_{in}(终点节点)连接。于是得到工作 F_{in} 的最早开始时间和最早完成时间为

$$ES_F = EF_F = max[24,22] = 24$$

该网络计划的计算工期即为 24。工作最早开始时间和最早完成时间的计算结果如图 3-41 所示。

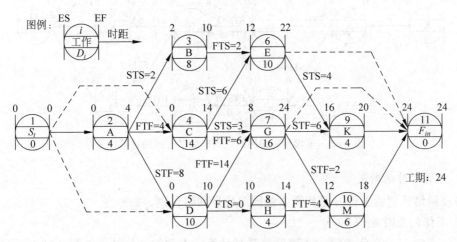

图 3-41　单代号搭接网络计划中最早时间的计算结果

5) 工作最早时间的计算规则

通过以上的计算分析,可以归纳出工作最早时间的计算规则:

(1) 仍可概括为:"顺线累加,逢多取大"。即计算应从起点节点开始,顺着箭线方向依次进行;按照搭接关系的要求进行计算,在有多个紧前工作或有多种搭接关系时应取最大值。

(2) 计算中,当工作的最早开始时间为负值时,则该工作实际也应为最先进行的工作,应与虚拟起点节点连接,使其最早开始时间为零。

(3) 决定计算工期的不一定是最后进行的工作。如果中间工作的最早完成时间大于最后工作的最早完成时间,则应将该工作与虚拟终点节点连接,使其也作为最后工作,进而找到真正的工期。

2. 计算相邻两项工作之间的时间间隔(LAG)

(1) 无搭接关系者,与单代号网络计划计算方法相同,即用后项工作的最早开始时间减去前项工作的最早完成时间即可。

(2) 有搭接关系者,需按照搭接关系要求,用后项工作的最早时间减去前项工作的最早时间并扣除时距即是。当有多种搭接关系时取小值。

例如 B、E 两项工作的搭接关系是 FTS＝2,则用后项工作 E 的最早开始时间减去前项工作 B 的最早完成时间,再减去时距"2"即可。即:$LAG_{B,E}＝12-10-2=0$。

又如 A、C 两项工作的搭接关系是 FTF＝4,则用后项工作 C 的最早完成时间减去前项

工作 A 的最早完成时间,再减去时距"4"即可。即:$LAG_{A,C}=14-4-4=6$。

　　根据上述计算方法即可计算出本例中各个相邻两项工作之间的时间间隔,其结果见图 3-42 中箭线下方数字。

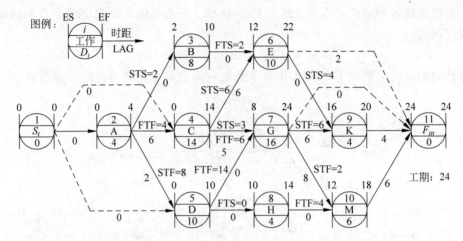

图 3-42　单代号搭接网络计划中最早时间的计算结果

3. 计算工作的时差

搭接网络计划的工作时差计算方法同单代号网络计划。

1) 工作的总时差(TF)

用公式(3-15)和公式(3-16)逆箭线进行计算。本例的计算结果如图 3-43 所示。

2) 工作的自由时差(FF)

用公式(3-17)和公式(3-18)计算,本例的计算结果如图 3-43 所示。

4. 计算工作的最迟完成时间(LF)和最迟开始时间(LS)

　　工作的最迟完成时间仍可用公式(3-19)和公式(3-20)或公式(3-21) 计算。最迟开始时间仍可用公式(3-22)或公式(3-23) 计算,本例的计算结果如图 3-43 所示。

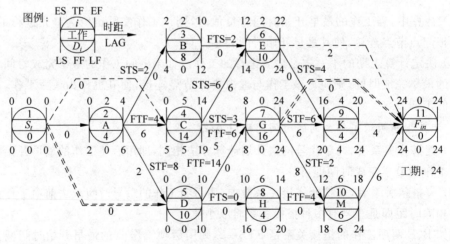

图 3-43　单代号搭接网络计划的计算结果

5. 确定关键线路

同单代号网络计划一样,从终点节点开始,逆箭线方向依次找出时间间隔为零的线路就是关键线路。关键线路上的工作即为关键工作,关键工作的总时差最小。

例如在本例中,线路 S→D→G→F 为关键线路。D 和 G 是关键工作,而 S 和 F 为虚拟工作,它们的总时差均为零。

3.6 网络计划的优化

网络计划的优化,就是在满足既定的约束条件下,按某一目标,对网络计划进行不断检查、评价、调整和完善,以寻求最优方案的过程。网络计划的优化有工期优化、费用优化和资源优化三种。费用优化又叫时间成本优化;资源优化分为"资源有限、工期最短"的优化和"工期固定、资源均衡"的优化。

3.6.1 工期优化

工期优化是在网络计划的工期不满足要求时,通过压缩计算工期以达到要求工期目标,或在一定约束条件下使工期最短的过程。

1. 被压缩工作的选择和需注意问题

工期优化一般是通过压缩关键工作的持续时间来达到优化目标。而缩短工作持续时间的主要途径,就是增加人力和设备等施工力量、加大施工强度、缩短间歇时间。因此,在确定需缩短持续时间的关键工作时,应按以下几个方面进行选择:

(1) 缩短持续时间对质量和安全影响不大的工作;

(2) 有充足备用资源的工作;

(3) 缩短持续时间所需增加资源(人员、材料、机械、费用)最少的工作。

可以根据以上要求直接选择需缩短时间的工作,也可按各方面因素对工程的影响程度,分别设置计分分值,将需缩短持续时间的工作分项进行评价打分,从而得到"优先选择系数",对系数小者,应优先考虑压缩。

在优化过程中,要注意不能将关键工作压缩成非关键工作,但关键工作可以被动地(即未经压缩)变成非关键工作,关键线路也可以因此而变成非关键线路。当优化过程中出现多条关键线路时,必须将各条关键线路的持续时间压缩成同一数值,否则不能有效地将工期缩短。

2. 工期优化步骤

(1) 求出计算工期并找出关键线路和关键工作。

(2) 按要求工期计算出工期应缩短的时间目标 ΔT:

$$\Delta T = T_c - T_r \tag{3-34}$$

式中 T_c——计算工期;

       T_r——要求工期。

（3）确定各关键工作能缩短的持续时间。

（4）将应优先缩短的关键工作压缩至最短持续时间,并找出新关键线路。若此时被压缩的工作变成了非关键工作,则应将其持续时间回延,使之仍为关键工作。

（5）若计算工期仍超过要求工期,则重复以上步骤,直到满足工期要求或工期已不能再缩短为止。

需要注意:当所有关键工作的持续时间都已达到其能缩短的极限,或虽然部分关键工作未达到最短持续时间,但已找不到继续压缩工期的方案,而工期仍未满足要求时,应对计划的技术、组织方案进行调整(如采取技术措施、改变施工顺序、采用分段流水或平行作业等),或要求工期重新审定。

3. 工期优化示例

【例 3-8】 已知某网络计划如图 3-44 所示。图中箭线下方或右侧的括号外为正常持续时间,括号内为最短持续时间;箭线上方或左侧的括号内为优选系数。假定要求工期为15d,试对其进行工期优化。

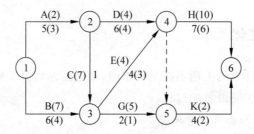

图 3-44　某工程的网络计划

【解】

（1）用标号法求出在正常持续时间下的关键线路和计算工期。如图 3-45 所示,关键线路为 ADH,计算工期为 18d。

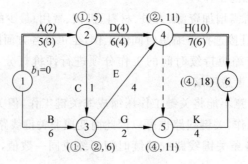

图 3-45　初始网络计划

（2）计算应缩短的时间: $\Delta T = T_c - T_r = 18 - 15 = 3\text{d}$。

（3）选择应优先缩短的工作:各关键工作中 A 工作的优先选择系数最小。

（4）压缩工作的持续时间:将 A 工作压缩至最短持续时间 3d,用标号法找出新关键线路,如图 3-46 所示。此时关键工作 A 压缩后成了非关键工作,故须将其松弛,使之成为关键工作,现将其松弛至 4d,找出关键线路如图 3-47,此时 A 又成了关键工作。图中有两条关键线路,即 ADH 和 BEH。其计算工期 $T_c=17d$,应再缩短的时间为:$\Delta T_l=17-15=2d$。

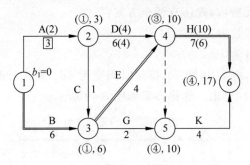

图 3-46　将 A 缩短至最短的网络计划

(5) 由于计算工期仍大于要求工期,故需继续压缩。图 3-47 中,有五个压缩方案:

① 压缩 A、B,组合优选系数为 $2+7=9$;

② 压缩 A、E,组合优选系数为 $2+4=6$;

③ 压缩 D、E,组合优选系数为 $4+4=8$;

④ 压缩 D、B,组合优选系数为 $4+7=11$;

⑤ 压缩 H,优选系数为 10。

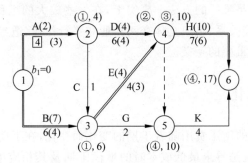

图 3-47　第一次压缩后的网络计划

应压缩优选系数最小者,即压缩 A、E。将这两项工作都压缩至最短持续时间 3,亦即各压缩 1d。用标号法找出关键线路,如图 3-48 所示。此时关键线路只有两条,即:ADH 和 BEH;计算工期 $T_c=16d$,还应缩短 $\Delta T_2=16-15=1d$。由于 A 和 E 已达最短持续时间,不能被压缩,可假定它们的优选系数为无穷大。

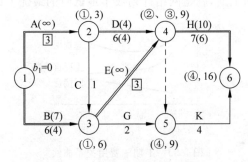

图 3-48　第二次压缩后的网络计划

（6）由于计算工期仍大于要求工期,故需继续压缩。前述的五个压缩方案中前三个方案的优选系数都已变为无穷大,现还有两个方案:

① 压缩 B、D,优选系数为 7+4=11;

② 压缩 H,优选系数为 10。

采取压缩 H 的方案,将 H 压缩 1d,持续时间变为 6d。得出计算工期 $T_c=15d$,等于要求工期,已满足了优化目标要求。优化方案如图 3-49 所示。

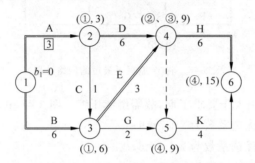

图 3-49　优化后的网络计划

上述网络计划的工期优化方法是一种技术手段,是在逻辑关系一定的情况下压缩工期的一种有效方法,但决不是唯一的方法。事实上,在一些较大的工程项目中,调整好各专业之间及各工序之间的搭接关系、组织立体交叉作业和平行作业、适当调整网络计划中的逻辑关系,对缩短工期有着更重要的意义。

3.6.2　费用优化

在一定范围内,工程的施工费用随着工期的变化而变化,在工期与费用之间存在着最优解的平衡点。费用优化就是寻求最低成本时的最优工期及其相应进度计划,或按要求工期寻求最低成本及其相应进度计划的过程,因此费用优化又叫工期—成本优化。

1. 费用与工期的关系

工程的成本包括工程直接费和间接费两部分。在一定时间范围内,工程直接费随着工期的增加而减少,而间接费则随着工期的增加而增大,它们与工期的关系曲线见图 3-50。工程的总成本曲线是将不同工期的直接费和间接费叠加而成,其最低点就是费用优化所寻求的目标。该点所对应的工期,就是网络计划成本最低时的最优工期。

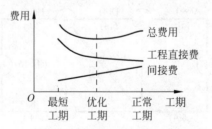

图 3-50　工期—费用关系曲线

就某一项工作而言,根据工作的性质不同,其直接费和持续时间之间的关系,通常有连续型变化和非连续型变化两种。

① 当费用与持续时间关系曲线呈连续型变化时,可近似用直线代替(如图 3-51 所示),以便求出直接费费用增加率(简称直接费率)。如工作 i—j 的直接费率 a_{i-j}^D:

$$a_{i-j}^D = \frac{\mathrm{CC}_{i-j} - \mathrm{CN}_{i-j}}{\mathrm{DN}_{i-j} - \mathrm{DC}_{i-j}} \tag{3-35}$$

式中　CC_{i-j}——工作 i—j 的最短持续时间直接费;

　　　CN_{i-j}——工作 i—j 的正常持续时间直接费;

　　　DN_{i-j}——工作 i—j 的正常持续时间;

　　　DC_{i-j}——工作 i—j 的最短持续时间。

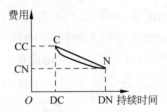

图 3-51　连续型的时间—直接费关系

【例 3-9】　某工作的正常持续时间为 6d,所需直接费为 2000 元,在增加人员、机具及进行加班的情况下,其最短持续时间为 4d,而直接费为 2400 元,则直接费率为

$$a_{i-j}^D = \frac{2400 - 2000}{6 - 4} = 200(\text{元} /d)$$

② 有些工作的直接费与持续时间是根据不同施工方案分别估算的,找不到变化关系曲线,所以不能用数学公式计算,只能在几个方案中进行选择。

2. 费用优化的方法与步骤

工期—费用优化的基本方法是,从网络计划的各工作持续时间和费用关系中,依次找出既能使计划工期缩短,又能使得其费用增加最少的工作,不断地缩短其持续时间,同时考虑间接费叠加,即可求出工程成本最低时的相应最优工期或工期指定时相应的最低工程成本。优化步骤如下。

(1) 计算初始网络计划的工程总直接费和总费用。

网络计划的工程总直接费等于各工作的直接费之和,用 $\sum C_{i-j}^D$ 表示。

当工期为 t 时,网络计划的总费用 C_t^T 为:

$$C_t^T = \sum C_{i-j}^D + a^{ID}t \tag{3-36}$$

式中　a^{ID}——工程间接费率,即工期每缩短或延长一个单位时间所需减少或增加的费用。

(2) 计算各项工作的直接费率。

(3) 找出网络计划中的关键线路并求出计算工期。

(4) 逐步压缩工期,寻求最优方案。

当只有一条关键线路时,将直接费率最小的一项工作压缩至最短持续时间,并找出关键线路。当有多条关键线路时,就需压缩一项或多项直接费率或组合直接费率最小的工作,并将正常持续时间与最短持续时间的差值最小的为幅度进行压缩,并找出关键线路。若被压缩工作变成了非关键工作,则应减少压缩时间,使之仍为关键工作。但关键工作可以被动地(即未经压缩)变成非关键工作,关键线路也可以因此而变成非关键线路。

在确定了压缩方案以后,必须将被压缩工作的直接费率或组合直接费率值与间接费率进行比较,若等于间接费率,则已得到优化方案;若小于间接费率,则需继续压缩;若大于间接费率,则在此之前的小于间接费率的方案即为优化方案。

(5) 绘出优化后的网络计划。

绘图后,在箭线上方注明直接费,箭线下方注明优化后的持续时间。

(6) 计算优化后网络计划的总费用。

3. 费用优化示例

【例 3-10】 已知网络计划如图 3-52 所示,图中箭线下方或右侧括号外数字为正常持续时间,括号内为最短持续时间;箭线上方或左侧括号外数字为正常直接费,括号内为最短时间直接费。间接费率为 0.7 万元/d,试对其进行费用优化。

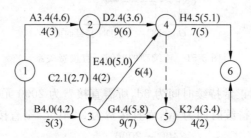

图 3-52　例 3-10 的网络计划

注:费用单位:万元;时间单位:天。

【解】

1) 找出关键线路和计算工期

用标号法计算。如图 3-53 所示,关键线路为 ACEH 和 ACGK,计算工期为 21d。

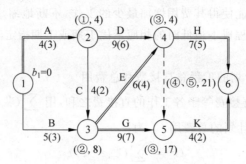

图 3-53　网络计划的工期和关键线路

2) 计算总直接费和总费用

工程总直接费:

$$\sum C_{i-j}^{D} = 3.4 + 4.0 + 2.1 + 2.4 + 4.0 + 4.4 + 4.5 + 2.4 = 27.2 (万元);$$

工程总费用:

$$C_{21}^T = \sum C_{i-j}^D + a^{ID}t = 27.2 + 0.7 \times 21 = 41.9(万元)。$$

3）计算各项工作的直接费率

$$a_{1-2}^D = \frac{CC_{1-2} - CN_{1-2}}{DN_{1-2} - DC_{1-2}} = \frac{4.6 - 3.4}{4 - 3} = 1.2(万元/d);$$

$$a_{1-3}^D = \frac{4.2 - 4.0}{5 - 3} = 0.1 （万元/d）;$$

$$\vdots$$

依次类推，将计算结果标于水平箭线上方或竖向箭线左侧括号内，见图 3-54。

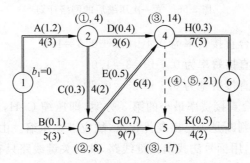

图 3-54　初始网络计划

4）逐步压缩工期，寻求最优方案

（1）进行第一次压缩

有两条关键线路 ACEH 和 ACGK，直接费率最低的关键工作为 C，其直接费率为 0.3 万元/d（以下简写为 0.3），小于间接费率 0.7 万元/d（以下简写为 0.7）。尚不能判断是否已出现优化点，故需将其压缩。现将 C 压缩至最短持续时间 2，找出关键线路，如图 3-55 所示。

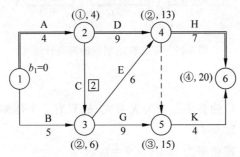

图 3-55　将 C 压缩至最短持续时间 2 时的网络计划

由于 C 被压缩成了非关键工作，故需将其松弛，使之仍为关键工作，且不影响已形成的关键线路 ACEH 和 ACGK。第一次压缩后的网络计划如图 3-56 所示。

（2）进行第二次压缩

现已有 ADH、ACEH 和 ACGK 三条关键线路。共有 7 个压缩方案：

① 压缩 A，直接费率为 1.2；

② 压缩 C、D，组合直接费率为 0.3+0.4=0.7；

③ 压缩 C、H，组合直接费率为 0.3+0.3=0.6；

④ 压缩 D、E、G，组合直接费率为 0.4+0.5+0.7=1.6；

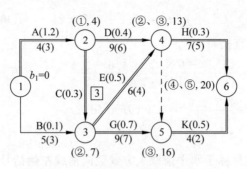

图 3-56　第一次压缩后的网络计划

⑤ 压缩 D、E、K,组合直接费率为 0.4+0.5+0.5=1.4;

⑥ 压缩 G、H,组合直接费率为 0.7+0.3=1.0;

⑦ 压缩 H、K,组合直接费率为 0.3+0.5=0.8。

采用直接费率和组合直接费率最小的第 3 方案,即压缩 C、H,组合直接费率为 0.6,小于间接费率 0.7,尚不能判断是否已出现优化点,故应继续压缩。由于 C 只能压缩 1d,H 随之只可压缩 1d。压缩后,用标号法找出关键线路,此时关键线路只有 ADH 和 ACGK 两条。第二次压缩后的网络计划如图 3-57 所示。

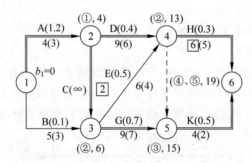

图 3-57　第二次压缩后的网络计划

（3）进行第三次压缩

如图 3-57 所示,由于 C 的费率已变为无穷大,故只有 5 个压缩方案:

① 压缩 A,直接费率为 1.2;

② 压缩 D、G,组合直接费率为 0.4+0.7=1.1;

③ 压缩 D、K,组合直接费率为 0.4+0.5=0.9;

④ 压缩 G、H,组合直接费率为 0.7+0.3=1.0;

⑤ 压缩 H、K,组合直接费率为 0.3+0.5=0.8。

由于各压缩方案的直接费率均已大于间接费率 0.7,已出现优化点。故第二次压缩后的网络计划即为优化网络计划,如图 3-57 所示。

5）绘出优化网络计划

如图 3-58 所示,图中被压缩工作压缩后的直接费确定如下:

（1）工作 C 已压缩至最短持续时间,直接费为 2.7 万元;

（2）工作 H 压缩至 1d,直接费为 4.5+0.3×1=4.8(万元)。

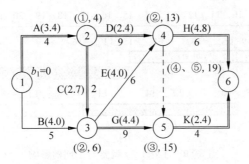

图 3-58　优化后的网络计划

6) 计算优化后的总费用：

$$C_{19}^T = \sum C_{i-j}^D + a^{ID}t$$

$$= (3.4 + 4.0 + 2.7 + 2.4 + 4.0 + 4.4 + 4.8 + 2.4) + 0.7 \times 19$$

$$= 28.1 + 13.3 = 41.4(万元)，$$

总费用较优化前减少了 41.9－41.4＝0.5(万元)。

3.6.3　资源优化

资源是为了完成施工任务所需的人力、材料、机械设备和资金等的统称。完成一项工程任务所需的资源量基本上是不变的，不可能通过资源优化将其减少。资源优化是通过改变工作的开始时间，使资源按时间的分布符合优化目标。包括在资源有限时如何使工期最短，当工期一定时如何使资源均衡。

资源优化宜在时标网络计划上进行，本节只介绍各项工作均不切分的优化方法。

1. "资源有限、工期最短"的优化

该优化是通过调整计划安排，以满足资源限制条件，并使工期增加最少的过程。

1) 优化的方法

(1) 若所缺资源仅为某一项工作使用，则只需根据现有资源重新计算该工作持续时间，再重新计算网络计划的时间参数，即可得到调整后的工期。如果该项工作延长的时间在其时差范围内时，则总工期不会改变；如果该项工作为关键工作，则总工期将顺延。

(2) 若所缺资源为同时施工的多项工作使用，则必须后移某些工作，但应使工期延长最短。调整的方法是将该处的一些工作移到另一些工作之后，以减少该处的资源需用量。如该处有两个工作 $m-n$ 和 $i-j$，则有 $i-j$ 移到 $m-n$ 之后或 $m-n$ 移到 $i-j$ 之后两个调整方案。如图 3-59 所示。

将 $i-j$ 移至 $m-n$ 之后时，工期延长值：

$$\Delta T_{m-n, i-j} = \mathrm{EF}_{m-n} + D_{i-j} - \mathrm{LF}_{i-j}$$

$$= \mathrm{EF}_{m-n} - (\mathrm{LF}_{i-j} - D_{i-j})$$

$$= \mathrm{EF}_{m-n} - \mathrm{LS}_{i-j} \qquad\qquad . \text{(3-37)}$$

当工期延长值 $\Delta T_{m-n, i-j}$ 为负值或零时，对工期无影响；为正值时，工期将延长。故应取 ΔT 最小的调整方案，即要将 LS 值最大的工作排在 EF 值最小的工作之后。如本例中：

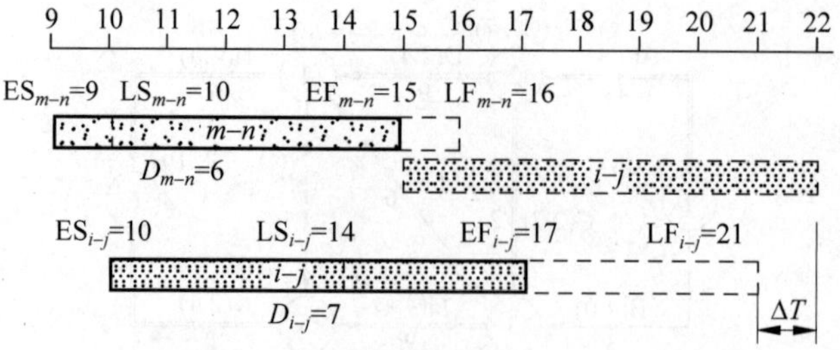

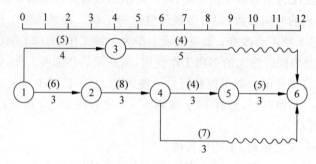

图 3-59 工作 $i—j$ 调整对工期的影响

方案 1：将 $i—j$ 排在 $m—n$ 之后，则 $\Delta T_{m-n,i-j} = \mathrm{EF}_{m-n} - \mathrm{LS}_{i-j} = 15 - 14 = 1$

方案 2：将 $m—n$ 排在 $i—j$ 之后，则 $\Delta T_{i-j,m-n} = \mathrm{EF}_{i-j} - \mathrm{LS}_{m-n} = 17 - 10 = 7$。应选方案 1。

当 $\min\{\mathrm{EF}\}$ 和 $\max\{\mathrm{LS}\}$ 属于同一工作时，则应找出 EF_{m-n} 的次小值及 LS_{i-j} 的次大值代替，而组成两种方案，即：

$$\Delta T_{m-n,i-j} = (\text{次小 } \mathrm{EF}_{m-n}) - \max\{\mathrm{LS}_{i-j}\}$$

$$\Delta T_{m-n,i-j} = \min\{\mathrm{EF}_{m-n}\} - (\text{次大 } \mathrm{LS}_{i-j})，取小者的调整顺序。$$

2）优化步骤

（1）检查资源需要量

从网络计划开始的第 1 天起，从左至右计算资源需要量 R_t，并检查其是否超过资源限量 R_a。如果整个网络计划都满足 $R_t < R_a$，则该网络计划就已经达到优化要求；如果发现 $R_t > R_a$，就应停止检查而进行调整。

（2）计算和调整

先找出发生资源冲突时段的所有工作，再按式（3-31）或式（3-32）计算 $\Delta T_{m-n,i-j}$，确定调整的方案并进行调整。

（3）重复以上步骤，直至出现优化方案。

3）优化示例

【例 3-11】 已知网络计划如图 3-60 所示。图中箭线上方为资源强度，箭线下方为持续时间，若资源限量 $R_a = 12$，试对其进行"资源有限、工期最短"的优化。

图 3-60 某工程网络计划

【解】

（1）计算资源需要量

如图 3-60，计算至第 4d 时，$R_4 = 13 > R_a = 12$，故需进行调整。

（2）选择方案与调整：冲突时段的工作有 1—3 和 2—4,调整方案如下。

方案 1：1—3 移至 2—4 之后。从图 3-61 中可知：$EF_{2-4}=6$；由 $ES_{1-3}=0,TF_{1-3}=3$,得 $LS_{1-3}=0+3=3$,则：$\Delta T_{2-4,1-3}=EF_{2-4}-LS_{1-3}=6-3=3$；

方案 2：2—4 移至 1—3 之后。从图 3-61 中可知：$EF_{1-3}=4$；由 $ES_{2-4}=3,TF_{2-4}=0$,得 $LS_{2-4}=3+0=3$,则：$\Delta T_{1-3,2-4}=EF_{1-3}-LS_{2-4}=4-3=1$。

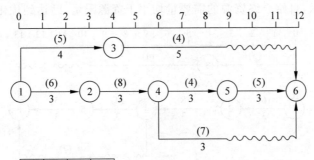

图 3-61　计算资源需要量,直至多于资源限量时

决定采用工期增量较小的方案 2,绘出其网络计划如图 3-62 所示。

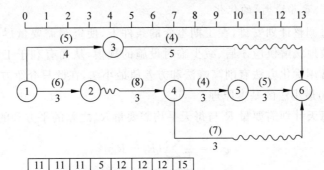

图 3-62　第一次调整,并继续检查资源需要量

（3）再计算资源需要量

如图 3-62 所示,计算至第 8 天,$R_8=15>R_a=12$,故需进行第二次调整。

（4）进行第二次调整

发生资源冲突时段的工作有 3—6、4—5 和 4—6 3 项。计算调整所需参数,见表 3-5。

表 3-5　冲突时段工作参数表

工作代号	最早完成时间 EF_{i-j}	最迟开始时间 $LS_{i-j}=ES_{i-j}+TF_{i-j}$
3—6	9	8
4—5	10	7
4—6	11	10

从表 3-5 中可看出，最早完成时间的最小值为 9，属 3－6 工作；最迟开始时间的最大值为 10，属 4－6 工作。因此，最佳方案是将 4－6 移至 3－6 之后，其工期增量将最小，即 $\Delta T_{3-6,4-6}=9-10=-1$。工期增量为负值，意味着工期不会增加。调整后的网络计划见图 3-63。

（5）再次计算资源需要量

如图 3-63 所示，自始至终资源的需要量均小于资源限量，已达到优化要求。

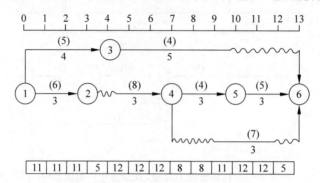

图 3-63　经第二次调整得到优化网络计划

2. "工期固定、资源均衡"的优化

该优化是通过调整计划安排，在工期不变的条件下，使资源需要量尽可能均衡的过程。资源均衡可以有效地缓解供应矛盾、减少临时设施的规模，从而有利于工程组织管理，并可降低工程费用。常用优化方法有削高峰法和方差值最小法，在此只介绍方差值最小法。

1）方差值（σ^2）最小法的基本原理

方差值是指每天计划需要量 R_t 与每天平均需要量 R_m 之差的平方和的平均值，即

$$\sigma^2 = \frac{1}{T}\sum_{t=1}^{T}(R_t - R_m)^2 \tag{3-38}$$

为了使计算简便，将上式展开并作如下变换：

$$\sigma^2 = \frac{1}{T}\sum_{t=1}^{T}(R_t^2 - 2R_tR_m + R_m^2) = \frac{1}{T}\sum_{t=1}^{T}R_t^2 - \frac{2}{T}\sum_{t=1}^{T}R_tR_m + R_m^2$$

而 $\frac{1}{T}\sum_{t=1}^{T}R_t = R_m$，代入上式，得

$$\sigma^2 = \frac{1}{T}\sum_{t=1}^{T}R_t^2 - R_m^2 \tag{3-39}$$

上式中 T 与 R_m 为常数，因此，只要 R_t^2 最小就可使得方差值 σ^2 最小。

2）优化的步骤与方法

（1）按最早时间绘出符合工期要求的时标网络计划，找出关键线路，求出各非关键工作的总时差，逐个计算出资源需要量或绘出资源需要量动态曲线。

（2）优化调整的顺序

由于工期已定，只能调整非关键工作。其顺序为：自终点节点开始，逆箭线逐个进行。对完成节点为同一个节点的工作，需先调整开始时间较迟者。

在所有工作都按上述顺序进行了一次调整之后，再按该顺序逐次进行调整，直至所有工

作既不能向右移也不能向左移。

（3）工作可移性的判断

由于工期已定，故关键工作不能移动。非关键工作能否移动，主要看是否能削峰填谷或降低方差值。判断方法如下：

① 若将工作 k 向右移动一天，则在右移后该工作完成那一天的资源需要量应等于或小于右移前工作开始那一天的资源需要量。也就是说不得出现削了高峰后，又填出新的高峰。若用 r_k 表示 k 工作的资源强度，i、j 分别表示工作移动前开始和完成的那一天，则应满足下式要求：

$$R_{j+1} + r_k \leqslant R_i \tag{3-40}$$

② 若将工作 k 向左移动一天，则在左移后该工作开始那一天的资源需要量应等于或小于左移前工作完成那一天的资源需要量，否则也会产生削峰又填谷成峰的问题。即应符合下式要求：

$$R_{i-1} + r_k \leqslant R_j \tag{3-41}$$

③ 若将工作 k 右移一天或左移一天不能满足上述要求时，则可考虑在其总时差范围内，右移或左移数天后能否使资源需要量更加均衡。

向右移动时，判别式为

$$[(R_{j+1} + r_k) + (R_{j+2} + r_k) + (R_{j+3} + r_k) + \cdots] \leqslant [R_i + R_{i+1} + R_{i+2} + \cdots] \tag{3-42}$$

向左移动时，判别式为

$$[(R_{i-1} + r_k) + (R_{i-2} + r_k) + (R_{i-3} + r_k) + \cdots] \leqslant [R_j + R_{j-1} + R_{j-2} + \cdots] \tag{3-43}$$

3）优化示例

【例 3-12】 已知网络计划如图 3-64 所示。箭线上方数字为该工作每日资源需要量，箭线下方数字为持续时间。试对其进行"工期固定、资源均衡"的优化。

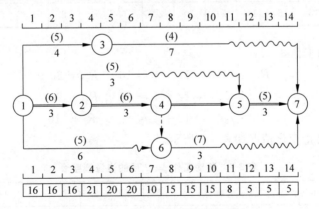

图 3-64　某工程初始网络计划

【解】

（1）未调整时的资源需要量方差值为

$$\sigma^2 = \frac{1}{T} \sum_{t=1}^{T} (R_t^2 - R_m^2)$$

式中　$R_m = [16 \times 3 + 21 \times 1 + 20 \times 2 + 10 \times 1 + 15 \times 3 + 8 \times 1 + 5 \times 3]/14 = 13.36$；

　　　$\sigma^2 = [16^2 \times 3 + 21^2 \times 1 + 20^2 \times 2 + 10^2 \times 1 + 15^2 \times 3 + 8^2 \times 1 + 5^2 \times 3]/14 - 13.36^2 = 30.3$。

（2）向右移动工作 6—7，按式(3-39)判断如下：

$$R_{11} + r_{6-7} = 8 + 7 = 15 = R_8 = 15 \qquad （可右移 1 天）$$

$$R_{12} + r_{6-7} = 5 + 7 = 12 < R_9 = 15 \qquad （可再右移 1 天）$$

$$R_{13} + r_{6-7} = 5 + 7 = 12 < R_{10} = 15 \qquad （可再右移 1 天）$$

此时，已将 6—7 移至其原有位置之后，能否再移动待列出调整表后进行判断。如表 3-6 所示。

表 3-6　移动工作 6—7 后的资源调整表

时间	1	2	3	4	5	6	7	8	9	10	11	12	13	14
原资源量	16	16	16	21	20	20	10	15	15	15	8	5	5	5
调整量								−7	−7	−7	+7	+7	+7	
现资源量	16	16	16	21	20	20	10	8	8	8	15	12	12	5

从表 3-6 可看出，工作 6—7 还可向右移动，即

$$R_{14} + r_{6-7} = 5 + 7 = 12 < R_{11} = 15 \qquad （可右移 1 天）$$

至此工作 6—7 已移到网络计划的最后，不能再移。移动后的资源需要量变化情况见表 3-7。

表 3-7　移动工作 6—7 后的资源调整表

时间	1	2	3	4	5	6	7	8	9	10	11	12	13	14
原资源量	16	16	16	21	20	20	10	8	8	8	15	12	12	5
调整量											−7			+7
现资源量	16	16	16	21	20	20	10	8	8	8	8	12	12	12

（3）向右移动工作 3—7：

$$R_{12} + r_{3-7} = 12 + 4 = 16 < R_5 = 20 \qquad （可右移 1 天）$$

$$R_{13} + r_{3-7} = 12 + 4 = 16 < R_6 = 20 \qquad （可再右移 1 天）$$

$$R_{14} + r_{3-7} = 12 + 4 = 16 > R_7 = 10 \qquad （不能右移）$$

此时资源需要量变化情况如表 3-8 所示。

表 3-8　移动工作 3—7 后的资源调整表

时间	1	2	3	4	5	6	7	8	9	10	11	12	13	14
原资源量	16	16	16	21	20	20	10	8	8	8	8	12	12	12
调整量					−4	−4						+4	+4	
现资源量	16	16	16	21	16	16	10	8	8	8	8	16	16	12

（4）向右移动工作 2—5：

$$R_7 + r_{2-5} = 10 + 5 = 15 < R_4 = 21 \qquad （可右移 1 天）$$

$$R_8 + r_{2-5} = 8 + 5 = 13 < R_5 = 16 \qquad （可再右移 1 天）$$

$$R_9 + r_{2-5} = 8 + 5 = 13 < R_6 = 16 \qquad （可再右移 1 天）$$

此时，已将 2—5 移至原有位置之后，能否再移动需待列出调整表后进行判断。如表 3-9 所示。

表 3-9　移动工作 2—5 后的资源调整表

时间	1	2	3	4	5	6	7	8	9	10	11	12	13	14
原资源量	16	16	16	21	16	16	10	8	8	8	8	16	16	12
调整量				−5	−5	−5	+5	+5	+5					
现资源量	16	16	16	16	11	11	15	13	13	8	8	16	16	12

从表 3-9 中可看出，工作 2—5 还可向右移动，即

$$R_{10} + r_{2-5} = 8 + 5 = 13 < R_7 = 15 \qquad （可右移 1 天）$$
$$R_{11} + r_{2-5} = 8 + 5 = 13 = R_8 = 13 \qquad （可再右移 1 天）$$

从表 3-9 中还可以看出，工作 2—5 已无时差，不能再向右移动。此时资源需要量变化情况如表 3-10 所示。

表 3-10　再移动工作 2—5 后的资源调整表

时间	1	2	3	4	5	6	7	8	9	10	11	12	13	14
原资源量	16	16	16	16	11	11	15	13	13	8	8	16	16	12
调整量							−5	−5		+5	+5			
现资源量	16	16	16	16	11	11	10	8	13	13	13	16	16	12

为了明确看出其他工作能否右移，绘出经以上调整后的网络计划，如图 3-65 所示。

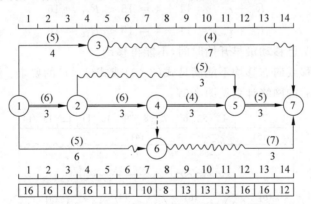

图 3-65　右移 6—7、3—7、2—5 后的网络计划

（5）向右移动工作 1—6：

$$R_7 + r_{1-6} = 10 + 5 = 15 < R_1 = 16 \qquad （可右移 1 天）$$
$$R_8 + r_{1-6} = 8 + 5 = 13 < R_2 = 16 \qquad （可再右移 1 天）$$
$$R_9 + r_{1-6} = 13 + 5 = 18 > R_3 = 16 \qquad （不能右移）$$

此时资源需要量变化情况如表 3-11 所示。

表 3-11　移动工作 1—6 后的资源调整表

时间	1	2	3	4	5	6	7	8	9	10	11	12	13	14
原资源量	16	16	16	16	11	11	10	8	13	13	13	16	16	12
调整量	−5	−5					+5	+5						
现资源量	11	11	16	16	11	11	15	13	13	13	13	16	16	12

（6）可明显看出，工作 1－3 不能向右移动。

至此，第一次向右移动已经完成，其网络计划如图 3-66 所示。

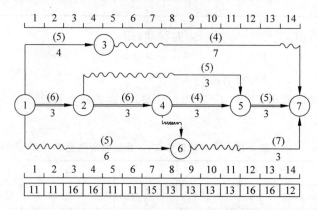

图 3-66　向右移动一遍后的网络计划

（7）由图 3-66 可看出，工作 3－7 可以向左移动，故进行第二次移动，按式（3-40）判断如下：

$$R_6 + r_{3-7} = 11 + 4 = 15 < R_{13} = 16 \qquad （可左移 1 天）$$
$$R_5 + r_{3-7} = 11 + 4 = 15 < R_{12} = 16 \qquad （可再左移 1 天）$$

至此，工作 3－7 已移动最早开始时间，不能再移动。

其他工作向左移或向右移均不能满足式（3-40）或式（3-41）的要求。至此已完成该网络计划的优化。优化后的网络计划见图 3-67。

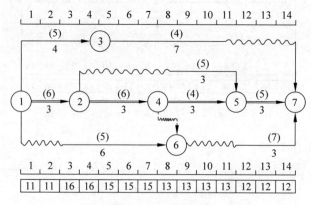

图 3-67　优化后的网络计划

（8）计算优化后方差值：

$$\sigma^2 = [11^2 \times 2 + 16^2 \times 2 + 15^2 \times 3 + 13^2$$
$$\times 4 + 12^2 \times 3]/14 - 13.36^2$$
$$= 2.72。$$

与初始网络计划比较，方差值降低了：$\dfrac{30.30 - 2.72}{30.30} \times 100\% = 91.02\%$。可见，经优化调整后，资源均衡性有了较大幅度的好转。

3.7　应用案例

3.7.1　现浇筑剪力墙住宅结构标准层流水施工网络计划

某现浇筑钢筋混凝土剪力墙高层住宅楼，主体结构施工时，每层分为四个流水段，墙体采用大模板施工。其结构标准层主要包括绑扎墙体钢筋、安装墙体大模板、浇筑墙体混凝土、拆大模板、支楼板模板、绑扎楼板钢筋、浇筑楼板混凝土等七个主要施工过程。其中绑扎墙体钢筋、安装墙体大模板、支楼板模板、绑扎楼板钢筋四项为主导施工过程。墙体大模板拆除及安装均由安装队完成，考虑周转要求，清晨拆除前一段后再进行本段的安装，而拆除墙模的施工段即可安装楼板模板。墙体及楼板混凝土浇筑均安排在晚上进行。

组织绑扎墙体钢筋、拆装墙体大模板、楼板支模、楼板扎筋、浇筑墙及楼板混凝土五个工作队的流水施工，流水节拍均定为 1d。其时标网络计划见图 3-68。

3.7.2　某综合楼工程控制性网络计划

某工程位于××市××街南侧，占地面积 1725m²，地下 1 层，地上 8 层，总建筑面积 15600m²，是集办公、会议、教育培训为一体的综合性办公大楼。地下室为机房、停车场和人防设施，1 层为大堂和餐厅，2～6 层为办公用房，7 层为教学培训用房，8 层为多功能厅，建筑总高度 33.50m。内设主楼梯 1 部，消防楼梯 2 部，电梯 3 部。

基础为钢筋混凝土阀板基础，地下室埋深−4.8m。结构为框架—剪力墙体系。按 8 度抗震设防。填充墙采用轻质陶粒混凝土空心砌块。屋面采用细石混凝土刚性防水和 SBS 改性沥青防水卷材防水，上铺防滑地砖。主楼外墙饰面砖为方块面砖，立面中心为玻璃幕墙，两侧为铝合金通窗。室内墙面主要采用环保乳胶漆，顶棚采用铝合金龙骨岩棉板吊顶。首层及多功能厅地面铺设大理石，其余楼地面采用玻化砖铺设。合同工期为 360 天。

其控制性网络计划见图 3-69。

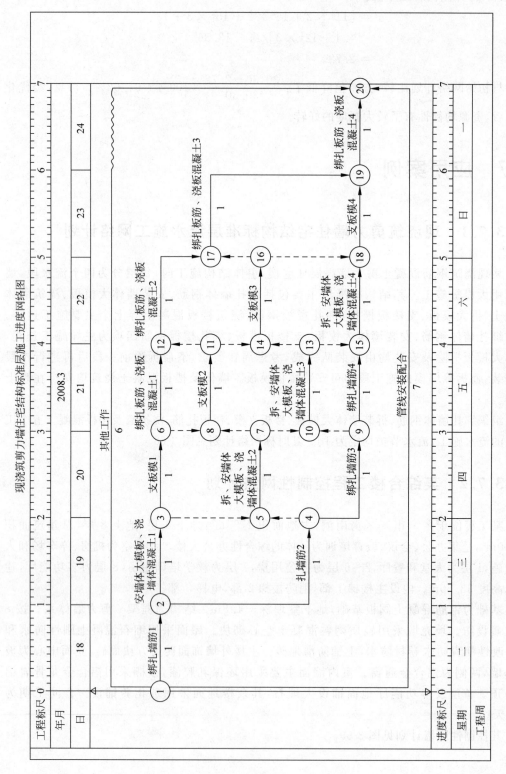

现浇筑剪力墙住宅结构标准层施工进度网络图

图 3-68 结构标准层施工时标网络计划

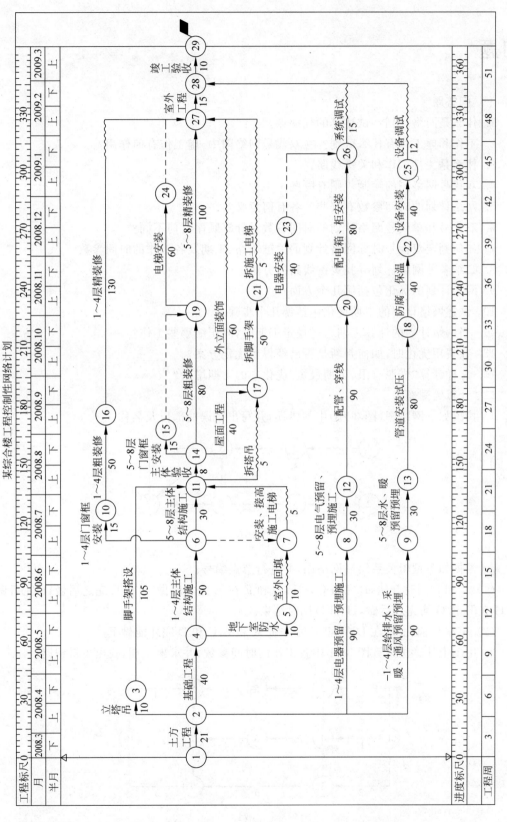

图 3-69　某综合楼工程施工控制性网络计划

习题

一、问答题

1. 什么是网络计划？试述其的优缺点。

2. 工作和虚工作有什么区别？在双代号网络图中，虚工作有何作用？

3. 什么是关键工作和关键线路？

4. 双代号网络图的绘制规则有哪些？

5. 网络计划的时间参数有哪些？各有何意义？

6. 双代号和单代号网络计划的时间参数及计算顺序有何不同？

7. 如何判定双代号时标网络计划的关键线路、工期及各工作的时间参数？

8. 归纳各种网络计划寻找关键线路的方法。

9. 网络计划的优化包括哪几个方面？

10. 试述网络计划的工期优化包括哪几个步骤。

11. 当网络计划的计算工期超过规定工期时，应压缩哪些工作？

12. 在费用优化时，如何判断是否已经得到优化方案？

13. 怎样计算"资源有限、工期最短"优化中的工期增量？

二、计算绘图题

1. 找出如下网络图(图 3-70)中的错误，并写出错误的部位及名称。

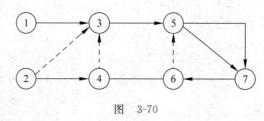

图 3-70

2. 根据如下逻辑关系绘制网络图，并进行节点编号。

(1) A 和 B 同时开始，B 完做 C 和 F，D 和 E 在 A 完之后做，E 在 C 完之后做，F 完后做 G，H 在 E 和 G 均完之后做，H 和 D 同时结束。

(2) A 在 C 前完，B 在 D 前完，E 完才做 A 和 B，C 和 D 完才能做 F。

3. 用图上计算法计算图 3-71 中各工作的时间参数，并求出工期，找出关键线路。

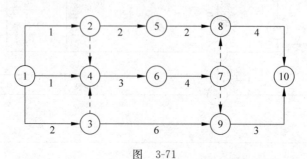

图 3-71

4. 按表 3-12 给出的逻辑关系绘制双代号网络图,并用图上计算法计算各工作的时间参数,找出关键线路(用双箭线标出),说明计算工期。

表　3-12

工作名称	A	B	C	D	E	F	G	H
持续时间	2	3	3	3	2	4	3	1
紧前工作	—	—	A、B	A	C、D	D	D	A、E、F

5. 根据表 3-13 给出的条件,绘制一个双代号网络图,并用标号法求出工期、找出关键线路。

表　3-13

工作名称	A	B	C	D	E	F	G	H
持续时间	4	6	3	3	2	5	4	3
紧前工作	—	—	A	A、B	C	C、D	B	E、G

6. 根据表 3-13 中所给条件绘制单代号网络图,并计算时间参数,找出关键线路。

7. 某框架结构采用无梁楼盖,分两段流水施工,其施工过程及节拍为:绑扎柱筋——2 天,支柱模板——2 天,浇筑柱子混凝土——1 天,支楼板模板——2 天,绑扎楼板筋——3 天,浇筑楼板混凝土——1 天。试编制其时标网络计划。

第 4 章

单位工程施工组织设计

本章学习要求：了解工程概况编制的要求和内容；熟悉单位工程施工组织设计的内容及施工部署的内容；掌握确定施工展开程序、施工顺序、流向的原则；掌握选择施工方法和机械的内容和要求；掌握施工进度计划编制及现场布置的步骤、原则和方法；了解资源计划编制的目的、方法；能编制一般工程的施工组织设计。

本章学习重点：单位工程施工组织设计的内容与编制程序；施工部署、进度计划的编制；现场平面图的设计方法。

单位工程施工组织设计是以一个单体工程为编制对象，用以指导拟建工程实施全过程中的生产技术、经济活动，以及控制质量、安全等各项目标的综合性管理文件。其是在工程中标、签订承包合同后，由项目经理组织的、在项目技术负责人领导下进行编制的，是施工前的一项重要准备工作。其对工程质量、工期、安全、效益等目标的实现起着至关重要的作用。

4.1　概述

4.1.1　作用与任务

单位工程施工组织设计是对施工过程和施工活动进行全面规划和安排，据以确定各分部（分项）工程开展的顺序及工期、主要分部（分项）工程的施工方法、施工进度计划、各种资源的供需计划、施工准备工作及施工现场的布置。因而，其对落实施工准备，保证施工有组织、有计划、有秩序的进行，实现质量好、工期短、成本低和安全、高效的良好效果有着重要作用。

单位工程施工组织设计的任务主要有以下几个方面：

（1）贯彻施工组织总设计对该工程的规划精神以及施工合同要求。

（2）拟定施工部署、选择确定合理的施工方法和机械，落实建设意图。

（3）编制施工进度计划，确定合理的搭接配合关系，保证工期目标的实现。

（4）确定各种物资、劳动力、机械的配置计划，为施工准备、调度安排及布置现场提供依据。

（5）合理布置施工场地，充分利用空间，减少运输和暂设费用，保证施工顺利、安全地进行。

（6）制定实现质量、进度、成本和安全目标的具体措施，为施工项目管理提出技术和组织方面的指导性意见。

4.1.2　设计的内容

由于所针对的工程对象在工程性质、结构及规模，施工的地点、时间与条件，施工管理的形式与水平等方面存在较大差异，单位工程施工组织设计的内容及深度广度也有所不同，但一般应包括以下内容：

（1）编制依据。主要包括：施工合同，设计文件，相关的法律、法规及规范规程，当地技术经济条件等。

（2）工程概况。主要包括：工程基本情况、各专业设计简介、施工条件及工程特点分析等内容。

（3）施工部署。主要包括：确定管理目标、制定部署原则、确定项目组织机构及岗位职责、划分任务、明确各参建单位间的协调配合关系、确定施工展开程序。

（4）主要施工方案。包括：划分流水段、确定流向及施工顺序、选择主要分部（分项）工程的施工方法和施工机械等。

（5）施工进度计划。主要包括：划分施工项目，计算工程量、劳动量和机械台班量，确定各施工项目的持续时间和流水节拍，绘制进度计划图表等内容。

（6）施工准备与资源配置计划。施工准备主要包括技术准备、现场准备等内容；资源配置计划主要包括劳动力、物资等的配置计划。

（7）施工现场平面布置。主要包括：确定起重运输机械的位置，布置运输道路，布置搅拌站、加工棚、仓库及材料、构件堆场，布置临时设施和水电管线等内容。

（8）主要管理计划。主要包括：保证工期、质量、安全成本目标的措施与计划，保护环境、文明施工以及分包管理措施与计划等。

以上各项内容中，施工部署、施工方案、进度计划和现场布置分别突出了施工中的组织、技术、时间和空间四大要素，是施工组织设计的最主要内容，应重点研究和筹划。

4.1.3　编制程序

单位工程施工组织设计应在调查研究，明确工程特点与环境特点的基础上，制定施工部署、编制施工方案、编制各种计划、布置施工现场、拟定管理措施、计算各项指标，经过反复讨论、修改后，报请上级部门和监理机构批准。具体编制程序见图 4-1。

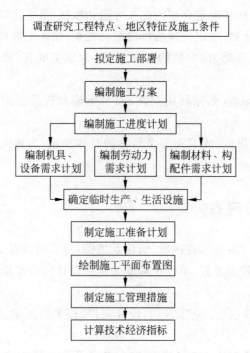

图 4-1　单位工程施工组织设计的编制

4.1.4　编制依据

在编制单位工程施工组织设计时,应依据以下内容:
(1) 与工程建设有关的法律、法规和文件;
(2) 国家现行有关标准和技术经济指标;
(3) 工程所在地区行政主管部门的批准文件,建设单位对施工的要求;
(4) 工程施工合同或招投标文件;
(5) 工程设计文件;
(6) 施工现场条件,工程地质及水文地质、气候等自然条件;
(7) 与工程有关的资源供应情况;
(8) 施工企业的生产能力、机械设备状况、技术水平;
(9) 施工组织总设计等。
以上内容是单位工程施工组织设计编制过程中需依据的内容,而在施工组织设计文件中必须明确写出的编制依据包括:
(1) 本单位工程的施工合同、设计文件;
(2) 与工程建设有关的国家、行业和地方的法律、法规、规范规程、标准、图集;
(3) 施工组织总设计等。

4.1.5　工程概况的编写

工程概况是对拟建工程的基本情况、施工条件及工程特点做概要性介绍和分析。其编写目的,一是使编制者进一步熟悉工程情况,做到心中有数,以便设计切实可行、经济合理;二是使审批者能较正确、全面地了解工程的设计与施工条件,从而判定施工方案、进度安排、平面布置及技术措施等是否合理可行。

工程概况的编写应力求简单明了,常以文字叙述或表格形式表现,并辅之以平、立、剖面简图。工程概况主要包括以下内容:

1. 工程基本情况

主要说明:拟建工程的名称、建设单位、建造地点;工程的性质、用途;资金来源及工程投资额;开、竣工日期;设计单位、监理单位、施工单位名称及资质等级;上级有关文件或要求;施工图纸情况(齐全否、会审情况等);施工合同签订情况。

2. 设计特点及主要工作量

主要说明工程的设计特点及主要工作量,如房屋的建筑、结构、装饰、设备等。包括:建筑面积及层数、层高、总高、平面形状及尺寸,功能与特点;基础的种类与埋深、构造特点,结构的类型,构件的种类、材料、尺寸、重量、位置特点,结构的抗震设防情况等;内外装饰的材料、种类、特点;设备的系统构成、种类、数量等。

对新材料、新结构、新工艺及施工要求高、难度大的施工过程应着重说明。对主要的工作量、工程量应列出数量表,以明确工程施工的重点。

3. 施工条件

主要说明:建设地点的位置、地形、周围环境,工程地质,不同深度的土壤分析,地下水位、水质;当地气温、主导风向、风力、雨量、冬雨季时间、冻结期与冻层厚度、地震烈度等;场地"三通一平"情况,施工现场及周围环境情况,交通运输条件;材料、构件、加工品的供应情况;施工单位的施工机械、运输工具、劳动力的投入能力,内部承包方式、劳动组织形式、施工技术和管理水平;现场临时设施的解决方法等。

4. 工程的施工特点

通过对工程设计特点、建设地点特征及施工条件等的分析,找出施工的重点、难点和关键问题。以便在选择施工方案、组织物资供应、配备技术力量及进行施工准备等方面采取有效措施。

4.2　施工部署与施工方案

4.2.1　施工部署

施工部署是对整个单位工程的施工进行总体的布置和安排。主要包括:确定项目组织机构、明确岗位职责、划分施工任务、制定管理目标、拟定部署原则、明确各参建单位间的协调配合关系。

1. 确定项目组织机构及岗位职责

确定项目组织机构,主要包括确定组织机构形式、确定组织管理层次、制定岗位职责、选定管理人员等。确定组织机构形式时,需考虑项目的性质、施工企业类型、人员素质、管理水平等因素。某工程建立的项目组织机构构成如图 4-2 所示。

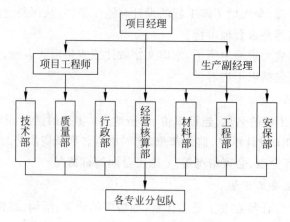

图 4-2　某单位工程施工组织机构图

2. 制定施工管理目标

根据施工合同的约定和政府行政主管部门的要求,制定工程实施的工期、质量、安全目标,制定文明施工、消防、环境保护等方面的管理目标。其中,工期目标应以施工合同或施工组织总设计要求为依据,制定出总工期目标和各主要施工阶段(如基础、主体、装饰装修)的工期控制目标。质量目标应按合同约定或投标承诺,制定出总目标和分解目标。质量总目标如:确保省优、市优(长城杯、扬子杯等),争创国优(鲁班奖);分解目标指各分部工程拟达到的质量等级(优良、合格)。安全目标应按政府主管部门和企业要求以及合同约定,制定出事故等级、伤亡率、事故频率的限制目标。

施工管理目标必须满足或高于合同目标,作为编制各种计划、措施及进行工程管理和控制的依据。

3. 确定施工展开程序

施工展开程序是指单项或单位工程中各分部工程、各专业工程或各施工阶段的先后施工关系。

1) 一般建筑工程的施工展开程序

一般工程的施工应遵循"先准备后开工"、"先地下后地上"、"先主体后围护"、"先结构后装饰"、"先土建后设备"的程序原则。但施工程序并非一成不变,其影响因素很多,特别是随着建筑工业化的发展和施工技术的进步,有些施工程序将发生变化。

① "先准备后开工"是指正式施工前,应先做好各项准备工作,以保证开工后施工能顺利、连续地进行。

② "先地下后地上"是指在地上工程开始前,尽量把地下管线和设施、土方及基础等做好或基本完成,以免对地上施工产生干扰或影响质量、造成浪费。地下工程施工还应本着先深后浅的程序,管线施工应本着先场外后场内、先主干后分支的程序。

③ "先主体后围护"主要指排架、框架或框架剪力墙结构的房屋,其围护结构应滞后于主体结构,以避免相互干扰,利于提高质量、保护成品和施工安全。

④ "先结构后装饰"是指房屋的装饰装修工程应在结构全部完成或部分完成后进行。

对多层建筑,结构与装饰以不搭接为宜;而高层应尽量搭接施工,以缩短工期。有些构件也可做好装饰层后再行安装(即"先装饰、后结构"),但应确实能保证装饰质量、缩短工期、降低成本。

⑤"先土建后设备"是指土建施工先行,水电暖卫燃等管线及设备随后进行。施工中土建与设备管线常进行交叉作业,但前者需为后者创造施工条件。在装饰装修阶段,还要从保证质量和保护成品的角度处理好两者的关系。

2)工业厂房土建与生产设备的施工程序

工业厂房施工,应根据厂房的类型及生产设备的性质、体量、安装方法和要求等因素,安排土建施工与生产设备安装间的合理施工程序,使其能相互创造工作面,减少干扰或重复施工,以缩短工期、提高质量。一般有以下三种施工程序:

①"先土建后设备"

一般机械工业厂房,当土建主体结构完成后,即可进行设备安装;有精密设备的工业厂房,应在土建和装饰工程全部完成后才能进行设备安装。这种施工程序称为"封闭式施工"。其优点是土建施工较为方便。

②"先设备后土建"

对某些重型工业厂房,如冶金、发电厂房等,一般应先安装生产设备,然后再建造厂房。由于设备需露天安装,故这种施工程序称为"敞开式施工"。

③土建与设备安装平行施工

某些厂房,当土建施工为设备安装创造了必要条件后,同时又可采取措施防止设备污染时,设备安装与土建施工可同时进行,两者相互配合,互相创造施工条件,可缩短工期、节约费用,尽早发挥投资效益。如建造水泥厂时,平行施工最为经济。

3)示例

(1)某高层住宅楼的施工展开程序如图 4-3 所示。

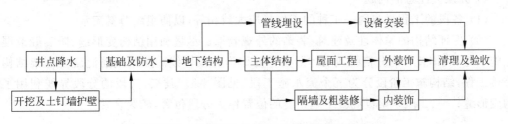

图 4-3　某高层住宅楼施工展开程序安排

(2)某合同段高速公路的施工展开程序如图 4-4 所示。

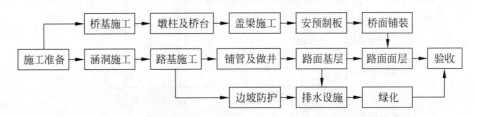

图 4-4　某合同段高速公路的施工展开程序安排

4. 确定时间和空间安排

针对工程特点和合同工期要求,确定各分部工程时间控制,包括开始时间和完成时间、各分部工程之间的搭接关系等,为制定施工进度计划和组织生产提供依据。

较大的房屋建筑工程一般可分为基坑工程、地下结构、主体结构、二次结构、屋面工程、外装修、内装修(粗装修、精装修)等几大阶段。其中基坑工程施工阶段应尽量避开冬、雨季,外装修的湿作业应避开冬季,室内精装修宜在屋面防水完成后进行。

在时间安排上应贯彻空间占满,时间连续,均衡协调有节奏,并适当留有余地的原则。为保证工程按计划完成,一般均须要采用主体结构和二次结构、结构和设备管线埋设安装、结构和装饰装修、设备安装和装饰装修的搭接作业和立体交叉施工。为了使二次结构、安装、装饰装修施工较早插入,工程应分批进行验收。如地下结构完成后及时验收、主体结构按楼层分几个批次验收等。

4.2.2　制定施工方案

施工方案是施工组织设计的核心,一般包括划分施工段、确定施工的起点流向、确定施工顺序、选择主要施工方法和施工机械等内容。施工方案合理与否直接关系到工程的质量、成本和工期,因此,必须在认真熟悉图纸、明确工程特点和施工任务、充分研究施工条件、正确进行技术经济比较的基础上进行制定。

1. 划分施工段

划分施工段是将施工对象在空间上划分成多个施工区域,以适应流水施工的要求,使多个专业队组能在不同的施工段上平行作业,并可减少机具、设备及周转材料(如模板)的配置量,从而缩短工期、降低成本,使生产连续、均衡地进行。

1) 分段应注意的问题

(1) 各段的工程量或同一工种的工作量应大致相等,以便组织节奏流水。

(2) 保证结构的整体性及建筑、装饰的外观效果。尽量利用结构变形缝、防震缝或混凝土施工缝、装饰装修的分格缝或墙体阴角等处作为分段界线。如某钢筋混凝土框架结构办公楼工程,结构施工阶段分为三个流水施工段,见图 4-5。其二、三段的分段界线利用了结构变形缝;一、二段以梁板混凝土施工缝的位置作为分段位置,较为合理。

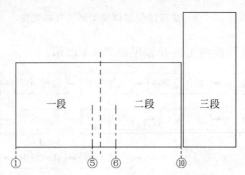

图 4-5　某框架办公楼结构施工分段示意图

（3）施工段个数应与主导施工过程数（或主要工种个数）相协调。要以主导施工过程为主形成工艺组合，在保证各主导施工过程（或主要工种）都有工作面的条件下，尽量减少施工段，以避免工作面狭窄或工期延长。

（4）每段的大小要与劳动组织相协调，以保证工人有足够的工作面，机械能发挥其能力。

（5）不同的施工阶段，流水组织方法、主导施工过程数及机具配备均可能不同，可采用不同的分段。

2）几种常见建筑物的分段

（1）多层砖混住宅

基础应少分段或不分段，以利于整体性。结构阶段应以2～3个单元为1段，每层分2～3段以上，面积小而不便于分段施工时，宜组织各栋号间流水。外装饰每层可按墙面分段。内装饰可将每个单元作为一个施工段，或每个楼层分为2～3个施工段。

（2）现浇筑框架结构公共建筑

独立柱基础时常按模板配置量分段。结构阶段的施工工序较多，宜按施工工种的个数（如钢筋、模板、混凝土三大工种）确定施工段数，即每层宜分为三段以上，每段宜含有10～15根柱子以上的面积。

（3）剪力墙结构高层住宅

该类建筑多为有地下室的筏板基础或箱形基础，往往有整体性和防水要求，因此地下部分最好不分段或少分段，当有后浇带时可按后浇带位置分段。主体结构阶段的最主要施工过程有四个：绑扎墙筋、安装墙体大模板、支楼板模板、绑扎楼板钢筋，因此，每层宜不少于四个施工段，以便于流水，如图4-6所示。

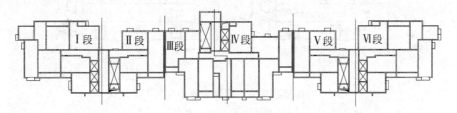

图4-6 某高层住宅楼结构施工分段示意图

（4）路基路面

路面基层铺筑时，每段长度不得少于150m，以减少接槎，提高机械作业效率。当铺筑水泥稳定土基层时，每段长度取决于水泥的凝结时间、气候条件、施工机械及运输车辆的效率和数量、操作的熟练程度等，一般以200m为宜。

2. 确定施工起点流向

施工起点流向是指在平面空间及竖向空间上，施工开始的部位及其流动方向。它将确定各分部（分项）工程在空间上的合理施工顺序。

对单层建筑物，要确定出各区、段或跨间在平面上的施工流向；对多高层建筑物，还应确定出各楼层间在竖向上的施工流向。特别是装饰装修工程阶段，不同的竖向流向可产生较大的质量、工期和成本差异。

确定施工起点流向时应考虑以下因素：

（1）建设单位的要求。建设单位对生产、使用要求在先的部位应先施工。

（2）车间的生产工艺过程。先试车投产的段、跨优先施工，按生产流程安排施工流向。

（3）施工的难易程度。技术复杂、进度慢、工期长的部位或层段应先施工。

（4）构造合理、施工方便。如基础施工应"先深后浅"，一般为由下向上（逆筑法除外）；屋面卷材防水层应由檐口铺向屋脊；使用模板相同的施工段连续进行以减少更换运输，有外运土的基坑开挖应从距大门的远端开始等。

（5）保证质量和工期。如室内装饰及室外装饰面层的施工一般宜自上至下进行（石材除外），有利于成品保护，但需结构完成后开始，使工期拉长；当工期极为紧张时，某些施工过程（如隔墙、抹灰等）也可自下至上，但应与结构施工保持足够的安全间隔；对高层建筑，也可采取沿竖向分区、在每区内自上至下的装饰施工流向，既可使装饰工程提早开始而缩短工期，又易于保证质量和安全。自上至下的流向还应根据建筑物的类型、垂直运输设备及脚手架的布置等，选择水平向下或垂直向下的流向，如图 4-7 所示。

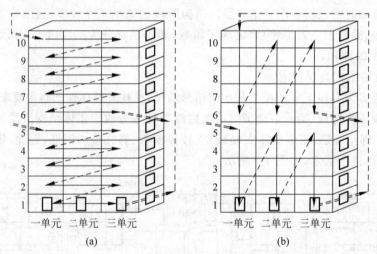

图 4-7　房屋建筑室内装饰装修分区向下的流向
(a) 水平向下；(b) 垂直向下

3. 确定施工顺序

确定施工顺序就是在已定的施工展开程序和流向的基础上，按照施工的技术规律和合理的组织关系，确定出各分项工程之间在时间上的先后顺序和搭接关系，以期做到工艺合理、保证质量、安全施工、充分利用工作面、争取时间、缩短工期的目的。

1）确定施工顺序的基本原则

（1）符合施工工艺及构造要求

例如：支模板后方可浇筑混凝土；钢筋混凝土柱子需先绑扎筋后支模，而楼板则需先支模后绑扎筋；钢、木门框安装后，再做墙面、地面抹灰，以保证挤嵌牢固。

（2）与施工方法及采用的机械协调

例如：采用预制楼板的砖混结构，在圈梁钢筋及模板安装后，一般施工方法为"浇筑圈梁混凝土"，而采用硬架支模施工法则为"安装预制楼板"。地下防水"外贴法"与"内贴法"

施工顺序不同。单层工业厂房结构吊装时,如果采用分件吊装法,常选用自行杆式起重机,其吊装的施工顺序为:全部承重柱→全部吊车梁、连系梁→全部屋盖系统;如果使用桅杆式起重机,就要采用综合吊装法,则吊装的施工顺序为:第一个节间的全部构件→第二个节间全部构件→……

（3）考虑施工组织的要求

有些施工过程可能有多种可行的顺序安排,这时应考虑便于施工,有利于人员、机械安排,可缩短工期的组织方案来安排施工顺序。如:砖混住宅地面下的灰土垫层,可安排在基础及房心回填后立即铺压,也可在装饰阶段的地面混凝土垫层施工前铺压。显然前者利于运输,便于人员和机械安排,而后者可为水、暖管线施工提供较长的时间。又如:单厂柱基旁有深于柱基的大型设备基础时,先施工设备基础较厂房完工后再做设备基础更安全、节约,易于组织,但预制场地及吊装开行将受到设备基础的影响。

（4）保证施工质量

确定施工顺序应以有利于保证施工质量为前提。例如:在确定楼地面与顶棚、墙面抹灰的顺序时,先做水泥砂浆楼地面,可防止由于顶棚、墙面落地灰（白灰砂浆或混合砂浆）清理不净而造成的楼地面空鼓。又如白灰砂浆墙面与水泥砂浆墙裙的连接处,先抹墙裙就有利于其粘结牢固、防止空鼓剥落。

（5）有利于成品保护

成品保护直接关系到产品质量,施工顺序是否合理又是成品保护的关键一环。特别是在装饰装修阶段更应重视。如:室外墙面抹灰材料需通过室内运输,则抹灰宜先室外后室内;室内楼地面抹灰先房间、后楼道、再楼梯,逐渐退出;上层楼面抹灰完成后做下层的顶棚和墙面,减少渗、滴水损坏。又如吊顶内的设备管线经检验试压合格后,再安装吊顶面板;铝合金及塑料门窗框须在墙面抹灰后安装,以减少损坏;油漆后再贴壁纸、地毯最后铺设,以避免污染。

（6）考虑气候条件

例如:土方施工避开冬雨季;在雨季到来前,先做完屋面防水及室外抹灰,再做室内装饰装修;在冬季到来前,先安装门窗及玻璃,以便在有保温或供暖条件下,进行室内施工操作。

（7）符合安全施工的要求

例如:装饰装修施工与结构施工至少要隔一个楼层进行;脚手架、护身栏杆、安全网等应配合结构施工及时搭设;现浇筑楼盖模板的支撑拆除,不但要待混凝土达到拆模强度要求,还应保持连续支撑 2～3 个楼层以上,以分散和传递上部的施工超载。

2）一般钢筋混凝土框架结构教学楼、办公楼的施工顺序

这种建筑的施工,一般可分为五个分部工程,即基础工程、主体结构工程、屋面工程、内外装饰工程、水电暖卫燃等管线与设备安装工程。施工顺序及安排要求如下:

（1）基础工程

一般施工顺序为:定位放线→挖土（柱基坑、槽或大开挖）→打钎、验槽→（地基处理）→浇混凝土垫层→扎柱基钢筋及柱子插铁→支柱基模板→浇柱基础混凝土→养护、拆柱基模板→支地梁模板→扎地梁钢筋→浇地梁混凝土→养护、拆地梁模板→砌墙基础→（暖气沟施工）→肥槽及房心填土。

地基处理应根据地基土的实际情况,若打钎中发现地下障碍物、坟穴、古墙古道、软弱土层等,按验槽时确定的处理方法处理,不需处理则无此项。挖土和做垫层的施工安排要紧凑,当有冻、泡或晾槽可能时,挖土应留保护层,待做垫层时清底,以防地基土受到破坏。基坑(槽)回填应在基础墙做好且具有抵抗填筑荷载能力后及时进行,以避免雨水浸泡,并为后续工程施工创造条件。室内地面垫层下的房心土宜与基坑(槽)回填同时填筑,但要注意水、暖、卫管沟处的填筑高度,或与管沟施工配合进行。

(2) 主体结构工程

主体结构为现浇筑钢筋混凝土框架,主要构件为柱子、梁和楼板。每层的施工顺序一般为:抄平、放线→绑扎柱筋→支柱模→浇柱混凝土→养护、拆柱模→支梁底模→绑扎梁筋→支梁侧模、板模→绑扎板底层筋→设备管线预埋敷设→绑扎板上层筋→隐检验收→浇梁、板混凝土→养护→拆梁、板模。

在结构施工之前,即应安装塔吊,保证首层柱子混凝土的浇筑进行。脚手架应随结构施工及时搭设,以保证施工的安全。楼梯应与梁板同时施工。梁板混凝土达到上人施工的强度(1.2MPa 以上)以后方可进行上一层的施工作业,当养护到拆模强度且与结构施工层间隔 2～3 个楼层后,方可拆除梁、楼板的底模及其支撑。

(3) 装饰装修工程

装饰装修工程应待主体结构完成并经验收合格后进行。主要工作包括砌筑围护墙及隔墙、墙面抹灰、楼地面砖铺贴、安装门窗、吊顶安装、油漆涂料等分项工程。其中砌墙、室内外抹灰是主导施工过程。安排施工顺序的关键是确定其施工的空间顺序,以保证施工质量和安全、保护成品、缩短工期为主要目的,组织好立体交叉和平行流水作业。

室内与室外装饰装修施工的相互干扰较小,一般来说,先室外后室内有利于脚手架的及时拆除、周转,并避免脚手架连结构杆对室内装修的影响,也有利于室内成品的保护(室外抹灰等材料一般均由室内运输)。但室外装饰要注意气候条件,尽量避开不利季节。

室外装饰可自上而下先施工里层,再自上而下进行面层施工。面层施工应随脚手架逐步拆除进行,最后完成勒脚、台阶、散水。

室内抹灰工程在同一层内的顺序一般为:楼地面→墙面。由于楼地面使用的砂浆强度高,该顺序可防止由于墙面抹灰的落地砂浆清理不净而造成的空鼓。但楼地面做完后需养护 7d 以上,使墙面及其他后续工作推迟,工期拉长;也不利于楼地面的保护。当工期较紧时,也可按墙面→楼地面的顺序施工,但做楼地面前须注意做好基层的清理。楼梯间和踏步易在施工期间受到破坏,故常在其他部位抹灰完成后,自上而下统一进行,并封闭养护。

若室内墙面抹灰后做涂料,而楼地面为铺地砖时,则应先做墙面抹灰,后进行地砖铺贴,满足养护要求后,再进行腻子、涂料施工。

某框架结构办公楼的装饰施工顺序为:砌围护墙及隔墙→安钢门框、窗副框→外墙抹灰→养护、干燥→拆脚手架及外墙涂料施工→室内墙面抹灰→安室内门框或包木门口→铺贴楼地面砖→养护→吊顶安装→安装塑料窗→木装饰→顶、墙腻子、涂料→安门扇→木制品油漆→检查整修。

(4) 屋面工程

屋面工程在主体结构完成后应及早进行,以避免屋面板的温度变形而影响结构,也为顺利进行室内装饰装修创造条件。

屋面工程可以和粗装修工程(砌墙及内外抹灰)平行施工。常见施工顺序按屋面构造依次为：铺设找坡层→铺保温层→铺抹找平层→养护、干燥→涂刷基层处理剂→铺防水层→检查验收→做保护层。

屋面工程开始前,需先做好水箱间、天窗、烟道、排气孔等设施;找平层充分干燥后方可进行防水层施工。

（5）水电暖卫燃等与土建的关系

水电暖卫燃等工程需与土建工程交叉施工,且应紧密配合。以保证质量、便于施工操作、有利于成品保护作为确定配合关系的原则。一般配合关系如下:

① 在基础工程施工时,应将上下水管沟和暖气管沟的垫层、墙体做好后再回填土。

② 在主体结构施工时,应在砌墙和现浇筑钢筋混凝土楼板施工的同时,预留上下水、暖气立管的孔洞及配电箱等设备的孔洞,预埋电线管、接线盒及其他预埋件。

③ 在装饰装修施工前,应完成各种管道、设备箱体的安装及电线管内的穿线。各种设备的安装应与装饰装修工程穿插配合进行。

④ 室外上下水及暖气等管道工程,可安排在基础工程之前或主体结构完工之后进行。

以上阐述了部分常见工程的施工顺序,但建筑工程施工是一个复杂的过程,由于结构和构造、使用材料、现场条件、施工环境、施工方案等的不同,对施工过程划分及施工方法的确定均会产生较大的影响,从而有不同的施工顺序安排。此外,随着建筑工业化的发展及新材料、新技术的出现,施工内容及施工顺序也会发生变化。

3）现浇筑剪力墙结构高层住宅的施工顺序

该类建筑的施工,一般也可分为基础工程、主体结构工程、屋面工程、内外装饰工程、水电暖卫燃等管线与设备安装等五个分部工程。基础、主体结构、内外装饰工程的施工顺序及安排如下,其他分部工程与上述框架结构办公楼基本相同,不再赘述。

（1）基础工程

对于有两层地下室、地下水位较高时,地下部分施工顺序如下:

测量放线→降低水位→挖土及做土钉墙支护→人工清底→打钎拍底、验槽→浇垫层→砌筑基础防水保护墙→底板防水及保护层→绑基础底板及部分墙体筋→浇底板混凝土→养护→绑墙柱钢筋→支墙柱模→浇墙柱混凝土→支梁板模→绑梁板筋→浇梁板混凝土→进入上一层墙柱及梁板施工→地下室外墙防水→防水保护及土方回填→拆除降水井点。

土钉墙与土方开挖配合进行,每开挖一个土钉层距深的土层做一步土钉墙。卷材防水采用外贴法施工。楼梯与梁板同时施工,脚手架搭设应在梁板支模前完成。防水保护及土方回填应配合进行。拆除降水井点时,地上结构应施工至一定高度,防止地下水上升所产生的浮力对建筑物造成影响。

（2）结构工程

墙体采用大模板施工时,结构标准层的施工顺序一般如下:

提升外挂架→测量放线→绑扎墙体钢筋→管线预埋及洞口预留→支门窗洞口模→隐检验收→安装大模板→浇筑墙体混凝土→养护、拆墙模板→支楼板模板→绑楼板钢筋及管线预埋→验收→浇筑楼板混凝土→养护→拆楼板模板。

楼板混凝土达到 1.2MPa 强度后,即可进行上一楼层的施工。拆除楼板模板除需满足底模板拆除对混凝土的强度要求外,还需与结构施工层间隔 2~3 个楼层,以分散和传递施工荷载(结构施工荷载远大于设计荷载),避免损坏已完结构。

(3) 内装修

测量放线→砌筑室内隔墙→安装门框→室内抹灰→卫生间防水→安装塑料窗及包门口→贴厨、卫墙砖→做厨卫吊顶→铺贴厨、卫和阳台地砖及踢脚→安装厨、卫设备→刮卧室及起居室顶、墙腻子并喷涂料→铺卧室及起居室木地板→安门扇。

由于结构采用清水混凝土施工工艺,混凝土构件表面不做抹灰层,仅在砌筑的隔墙及楼、电梯间的地面抹灰。水、电等管线配合装饰装修施工,及时预留、预埋和安装。

(4) 外装修

外墙基层质量缺陷处理→做外墙外保温→砂浆保护找平层→养护干燥→外墙喷涂→防滑坡道、台阶、散水。

4) 一般高速公路工程的施工顺序

(1) 箱涵工程

测量放线→土方开挖→垫层→底板钢筋→支设底板模板→浇筑底板混凝土→支设内模→墙、顶钢筋绑扎→支设外模→浇筑混凝土→回填土→锥坡及洞口铺砌。

(2) 钢筋混凝土中桥工程

测量放线→钻孔灌注桩基础→墩柱→桥台、盖梁→支座安装→预制空心板吊装→湿接头绑筋→混凝土浇筑→桥面混凝土铺装层施工→护栏。

(3) 路基路面工程

测量放线→基底处理→路堑开挖及路基填筑→通信管道施工→石灰土底基层摊铺辗压→混合料基层摊铺辗压→养护 7d→透层、封层处理→铺压底面层→铺压上面层→边坡防护及排水设施。

以上阐述了部分常见工程的施工顺序,但土木工程施工是一个复杂的过程,由于结构和构造、使用材料、现场条件、施工环境、施工方案等的不同,对施工过程划分及施工方法的确定均会产生较大的影响,从而有不同的施工顺序安排。此外,随着建筑工业化的发展及新材料、新技术的出现,其施工内容及施工顺序也将随之变化。

4. 主要施工方法和施工机械的选择

主要施工方法的选择,是根据建筑物(或构筑物)的设计特点、工程量的大小、工期长短、资源供应情况及施工地点特征等因素,经过选择比较,确定出各主要分部(分项)工程的施工方法和施工机械。

1) 选择施工方法的基本要求

(1) 要以主要的分部(分项)工程为主

选择施工方法和所采用的机械时,应着重考虑主要的分部(分项)工程。对于按照常规做法和较熟悉的一般分项工程则不必详细拟定,只要提出应该注意的一些特殊问题即可。主要的分部(分项)工程一般是指:

① 工程量大、施工工期长,在单位工程中占据重要地位的分部(分项)工程。如钢筋混凝土结构的模板、钢筋、混凝土工程。

② 施工技术复杂的或采用新技术、新工艺、新结构及对工程质量起关键作用的分部(分项)工程。如现浇筑预应力结构构件、地下室防水等。

③ 不熟悉的特殊结构工程或由专业施工单位施工的特殊专业工程。如深基坑的支护

与降水、网架结构安装、预应力张拉、升板结构的楼板提升等。

④ 对工程安全影响较大的分部(分项)工程。如垂直运输、高大模板、脚手架工程等。

对重要的分部(分项)工程,施工方法拟定应详细而具体,必要时应按有关规定编制单独的施工方案或专项方案。

(2) 要符合施工组织总设计的要求

若施工项目属于建设项目中的一项,则应遵循施工组织总设计对该工程的部署和规定。

(3) 要满足施工工艺及技术要求

选择和确定的施工方法与机械必须满足施工工艺及其技术要求。如结构构件的安装方法、预应力结构的张拉方法及机具均应能够实施,并能满足质量、安全等方面要求。

(4) 要提高工厂化、机械化程度

单位工程施工,应尽可能提高工厂化、机械化的施工程度,以利于建筑工业化的发展,同时也是降低造价、缩短工期、节省劳动力、提高工效及保护环境的有效手段。如钢筋混凝土构件、钢结构构件、门窗及幕墙、预制磨石、钢筋加工、砂浆及混凝土拌制等尽量采用专业工厂加工制作,减少现场加工。各主要施工过程尽量采用机械化施工,并充分发挥各种机械设备的效率。

(5) 要符合可行、合理、经济、先进的要求

选择和确定施工方法与施工机械,首先要具有可行性,即能够满足本工程施工的需要并有实施的可能性;其次要考虑其经济合理性和技术先进性。必要时应做技术经济分析。

(6) 要符合质量、安全和工期要求

采用的施工方法及所用机械的性能对工程质量、安全及施工速度起着至关重要的作用。如土方开挖的方法、基坑支护的形式、降低水位的方法和设备、垂直运输方法和机械、地下防水层的施工方法、脚手架的形式与构造、模板的种类与构造、钢筋的连接方法、混凝土的拌制运输与浇筑等,应重点考虑。

2) 选择施工方法的对象

一般情况下,对房屋建筑施工方法的选择应主要围绕以下项目和对象:

(1) 测量放线

① 选择确定测量仪器的种类、型号与数量;

② 确定测量控制网的建立方法与要求;

③ 平面定位、标高控制、轴线引测、沉降观测的方法与精度要求;

④ 测量管理(如交验手续、复合、归档制度等)方法与要求。

(2) 土石方与地基处理工程

① 确定土方开挖的方式、方法,机械型号及数量,开挖流向、层厚等;

② 放坡要求或土壁支撑方法、排降水方法及所需设备;

③ 确定石方的爆破方法及所需机具、材料;

④ 制定土石方的调配、存放及处理方法;

⑤ 确定土石方填筑的方法及所需机具、质量要求;

⑥ 地基处理方法及相应的材料、机具设备等。

(3) 基础工程

① 基础的垫层、基础砌筑或混凝土基础的施工方法与技术要求;

② 大体积混凝土基础的浇筑方案、设备选择及防裂措施；

③ 桩基础的施工方法及施工机械选择；

④ 地下防水的施工方法与技术要求等。

（4）混凝土结构工程

① 钢筋加工、连接、运输及安装的方法与要求；

② 模板种类、数量及构造，安装、拆除方法，隔离剂的选用；

③ 混凝土拌制和运输方法、施工缝设置、浇筑顺序和方法、分层高度、工作班次、振捣方法和养护制度等。

应特别注意大体积混凝土、防水混凝土等的施工，注意模板的工具化和钢筋、混凝土施工的机械化。

（5）结构安装工程

① 根据选用的机械设备确定吊装方法，安排吊装顺序、机械布置及行驶路线；

② 构件的制作及拼装、运输、装卸、堆放方法及场地要求；

③ 确定机具、设备型号及数量，提出对道路的要求等。

（6）现场垂直、水平运输

① 计算垂直运输量（有标准层的要确定标准层的运输量）；

② 确定不同施工阶段垂直运输及水平运输方式、设备的型号及数量、配套使用的专用工具设备（如砖车、砖笼、吊斗、混凝土布料杆、卸料平台等）；

③ 确定地面和楼层上水平运输的行驶路线，合理地布置垂直运输设施的位置；

④ 综合安排各种垂直运输设施的任务和服务范围。

（7）脚手架及安全防护

① 确定各阶段脚手架的类型，搭设方式，构造要求及搭设、使用要求；

② 确定安全网及防护棚等设置。

（8）屋面及装饰装修工程

① 屋面材料的运输方式，屋面各分项工程的施工操作及质量要求；

② 装饰装修材料的运输及储存方式；

③ 装饰装修工艺流程和劳动组织、流水方法；

④ 主要装饰装修分项工程的操作方法及质量要求等。

（9）特殊项目

对于采用新结构、新材料、新技术、新工艺及高耸或大跨结构、重型构件以及水下施工、深基础和软弱地基等项目，应按专项单独编制施工方案。包括阐明工艺流程，需要的平面、剖面示意图，施工方法、劳动组织，技术要求，质量、安全注意事项，施工进度，材料、构件和机械设备需要量等。

对深基坑支护、降水，以及爆破、高大或重要模板及支架、脚手架、大体积混凝土、结构吊装等，应进行相应的设计计算，以保证方案的安全性和可靠性。

3）选择施工机械应注意的问题

施工机械化是现代化大生产的显著标志。施工机械对施工工艺、施工方法有直接的影响，对加快速度，提高质量，保证安全，节约成本等起着至关重要的作用。施工机械选择的内容主要包括机械的类型、型号和数量。选择时应遵循可行、经济、合理的原则，主要考虑以下问题。

（1）适用性。施工机械选择时，应据工程特点首先选择适宜主导工程的施工机械。如垂直运输，当建筑物高度不大且长度较大时，宜选择轨道式塔式起重机；当建筑物高度较大且长度、宽度不太大时，宜选择固定附着式；当建筑物高度及平面尺寸均较大时，宜选择爬升式。再如，对桥梁安装工程，当工程量较大且集中时，可采用生产率较高的架桥机；但当工程量小或分散时，则采用吊车较为经济。在选择起重机型号时，应使起重机性能满足起重量、起重高度、起重半径和起重臂长等的要求，并对起重力矩进行验算。

（2）协调性。施工机械应相互配套，生产能力应协调，以充分发挥主导施工机械的效率。如挖土机确定后，运土汽车的数量应保证挖土机能够连续工作，以充分发挥生产效率。又如，对于高层建筑或结构复杂的建筑物（构筑物），其主体结构施工的垂直运输需要多种机械的组合。当混凝土量不大时，采用塔式起重机和施工电梯组合方案；当混凝土量较大时，宜采用塔式起重机、施工电梯和混凝土泵的组合方案等。

（3）通用性。在同一工地上，施工机械的种类和型号应尽可能少，并适当利用多功能机械，以利于维修和管理，减少转移。对于工程量大的工程应采用专用机械；对于工程量小且分散的工程，则应尽量采用多用途的施工机械，如挖土机，既可用于挖土也可用于装卸、拆除等。

（4）经济性。在选用施工机械时，应尽量选用施工单位现有机械，以减少资金的投入。若施工单位现有机械不能满足工程需要时，则通过技术经济分析，决定租赁或购买。

5．施工方案的技术经济评价

任何一个分部（分项）工程，都有若干个可行的施工方案，如何找出工期短、质量高、安全可靠、成本低廉、劳动安排合理的较优方案，就需要通过技术经济评价来完成。

施工方案的技术经济评价涉及的因素多而复杂，一般只对一些主要分部（分项）工程的施工方案进行技术经济比较，有时也需对一些重大工程项目的总体施工方案进行全面技术经济评价。施工方案的技术经济评价，有定性评价和定量评价两种方法。

1）定性分析评价

定性分析评价是结合施工经验，选择定性指标对各个方案进行分析比较，从而选出较优方案。如以下指标：

（1）施工操作难易程度和施工可靠性，技术上是否可行；

（2）获得机械的可能性，能否充分发挥现有机械的作用；

（3）劳动力（尤其是特殊专业工种）能否满足需要；

（4）对冬、雨季施工的适应性；

（5）实现文明施工、绿色施工的可能性；

（6）为后续工程创造有利条件的可能性；

（7）保证质量措施的可靠性。

2）定量分析评价

定量分析评价是通过计算各方案的几个主要技术经济指标，进行综合分析比较。评价的方法有：

（1）多指标分析法。它是用工期指标、劳动量指标、质量指标、成本指标等一系列单个的技术经济指标，对各个方案进行分析对比，从中优选的方法。

（2）综合指标分析法。它是以多指标分析方法为基础,将各指标按重要性程度定出数值,再对各方案定出相应每个指标的分值,然后计算得到综合指标值,以最大者为优。

4.3 施工计划的编制

在单位工程施工组织设计中,需要编制的施工计划主要包括施工进度计划、资源配置计划等。

4.3.1 施工进度计划

单位工程的施工进度计划是以施工部署及施工方案为基础,根据规定的工期和资源供应条件,遵循各施工过程合理的工艺顺序,统筹安排各项施工活动而编制,以指导现场施工的安排,确保施工进度和工期。同时也是编制劳动力、机械及各种物资配置计划的依据。

根据工程规模大小、结构的复杂程度、工期长短及工程的实际需要,单位工程施工进度计划可分为控制性计划和指导性计划。控制性进度计划是以分部工程作为施工项目划分对象,用以控制各分部工程的施工时间及它们之间互相配合、搭接关系的一种进度计划。常用于工程结构较为复杂、规模较大、工期较长或资源供应不落实、工程设计可能变化的工程。指导性进度计划是以分项工程作为施工项目划分对象,具体确定各主要施工过程的施工时间及相互间搭接、配合的关系。对于任务具体且明确、施工条件基本落实、各种资源供应基本满足、施工工期不太长的工程均应编制指导性进度计划;对编制控制性进度计划的单位工程,当各分部工程或施工条件基本落实后,也应在施工前编制出指导性进度计划,不能以"控制"代替"指导"。在工程实施过程中,还应根据指导性进度计划编制实施性进度计划,即未来旬或周的滚动式计划,以具体指导工程施工。

单位工程施工进度计划通常用横道图或网络图形式表达。横道计划能较为形象直观地表达各施工过程的工程量、劳动量、使用工种、人（机）数、起始时间、持续时间及各施工过程间的搭接、配合关系。而网络计划能表示出各施工过程之间相互制约、相互依赖的逻辑关系,能找出关键工作和关键线路,能优化进度计划,更便于用计算机管理,体现了管理的现代化和先进性。

单位工程施工进度计划的编制应依据以下资料：施工总进度计划、施工方案、预算文件、施工定额、资源供应状况、开竣工日期及工期要求、气象资料及有关规范等。编制进度计划的步骤与要求如下。

1. 划分施工项目

施工项目是包括一定工作内容的施工过程,是进度计划的基本组成单元。划分时应注意以下要求。

（1）项目的多少、划分的粗细程度,取决于进度计划的类型及需要。对于控制性的施工进度计划,其项目划分应较粗些,一般以一个分部工程作为一个项目,如基础工程、主体结构工程、屋面工程、装饰工程等。对于指导性的施工进度计划,其项目划分应细些,要将每个分部工程包括的各主要分项工程一一列出,如基础工程中的挖土、验槽、地基处理、垫层施工……

(2) 适当合并、简明清晰。项目划分过细、过多，会使进度图表庞杂、重点不突出。故在绘制图表前，应对所列项目分析整理、适当合并。如对工程量较小的同一构件的几个项目应合为一项(如地圈梁的扎筋、支摸、浇筑混凝土、拆模可合并为"地圈梁施工"一项)；对同一工种同时或连续施工的几个项目可合并为一项(如砌内墙、砌外墙可合并为"砌内外墙")；对工程量很小的项目可合并到邻近项目中(如木踢脚安装可合并到木地板安装中)。

(3) 列项要结合施工部署和施工方法。即要与所确定的施工顺序及施工方法一致，不得违背。项目排列的顺序也应符合施工的先后顺序，并编排序号、列出表格。

(4) 不占工期的间接施工过程不列项。如委托加工厂进行的构件预制及其运输过程等。

(5) 列项要考虑施工组织的形式。对专业施工单位或大包队所承担的部分项目有时可合为一项。如住宅工程中的水暖电卫燃等设备安装，在土建施工进度计划中可列为一项。

(6) 工程量及劳动量很小的项目可合并列为"其他工程"一项。如零星砌筑、零星混凝土、零星抹灰、局部油漆、测量放线、局部验收、少量清理等。"其他工程"的劳动量可作适当估算，现场施工时，灵活掌握，适当安排。

2. 计算工程量

列项后，应计算出每项的工程量。计算应依据施工图纸及有关资料、工程量计算规则及已定的施工方法进行，计算时应注意以下几个问题：

(1) 工程量的计量单位要与所用定额一致。

(2) 要按照方案中确定的施工方法计算。如挖土是否放坡、坡度大小、是否留工作面，是挖单坑还是挖槽或大开挖，不同方案其工程量相差甚大。

(3) 分层分段流水者，若各层段工程量相等或出入很小时，可只计算出一层或一段的工程量，再乘其层数或段数而得出该项总的工程量。

(4) 利用预算文件时，要适当摘抄和汇总，对计量单位、计算规则和包含内容与施工定额不符的项目，应加以调整、更改、补充或重新计算。

(5) 合并项目中各项应分别计算，以便套用定额，待计算出劳动量后再予以合并。

(6) "水暖电卫设备安装"等可不计算，或由专业承包单位计算并安排详细计划。

3. 计算劳动量及机械台班量

计算出各项目的工程量并查找、确定出该项目定额后，可按式(4-1)计算出劳动量或机械台班量。

$$P_i = Q_i/S_i = Q_iH_i \tag{4-1}$$

式中　P_i——某施工项目所需的劳动量(工日)或机械台班量(台班)；

Q_i——该施工项目的工程量(实物量单位)；

S_i——该施工项目的产量定额(单位工日或台班完成的实物量)；

H_i——该施工项目的时间定额(单位实物量所需工日或台班数)。

采用定额时应注意以下问题：

(1) 应参照国家或本地区的劳动定额及机械台班定额，并结合本单位的实际情况(如工人技术等级构成、技术装备水平、施工现场条件等)，研究确定出本工程或本项目应采用的定额水平。

（2）合并施工项目有如下两种处理方法：

① 将合并项目中的各项分别计算劳动量（或台班量）后汇总，将总量列入进度表中；

② 合并项目中的各项为同一工种施工（或同一性质的项目）时，可采用各项目的平均定额作为合并项目的定额。平均时间定额的计算方法见式（4-2）。

$$\overline{H} = \frac{\sum\limits_{i=1}^{n} P_i}{\sum\limits_{i=1}^{n} Q_i} = \frac{Q_1 H_1 + Q_2 H_2 + \cdots + Q_n H_n}{Q_1 + Q_2 + \cdots + Q_n} \tag{4-2}$$

4. 确定施工项目的持续时间

施工项目的持续时间最好是按正常情况确定，以降低工程费用。待初始计划编制后，再结合实际情况进行调整，可有效地避免盲目抢工而造成浪费。具体确定方法有以下两种：

（1）根据可供使用的人员或机械数量和正常施工的班制安排，计算出施工项目的持续时间。见公式（4-3）。

$$T_i = \frac{P_i}{R_i b_i} \tag{4-3}$$

式中　T_i——某施工项目的持续时间（d）；

　　　P_i——该施工项目的劳动量（工日）或机械台班量（台班）；

　　　R_i——为该施工项目每天提供或安排的班组人数（人）或机械台数（台）；

　　　b_i——该施工项目每天采用的工作班制数（1~3 班工作制）。

在安排某一施工项目的施工人数或机械台数时，除了要考虑现有资源状况外，还应考虑工作面大小、最小劳动组合要求、施工现场、后勤保障条件及机械的效率、维修和保养停歇时间等因素，以使数量安排切实可行。

在确定工作班制时，一般在工期允许、劳动力和机械周转不紧迫、无连续施工要求的条件下，通常采用一班制。对有连续施工要求（如基础底板浇筑、滑模施工等）的项目、组织流水的要求以及经初排进度未能满足工期要求时，可适当组织加班或二班制、三班制工作，但不宜过多，以便使进度计划留有充分的余地，并缓解现场供应紧张和避免费用增加。

（2）根据工期要求或流水节拍要求，确定出某个施工项目的施工持续时间，再按照采用的班制配备施工人数或机械台数。见公式（4-4）。

$$R_i = \frac{P_i}{T_i b_i} \tag{4-4}$$

式中符号意义同前。所配备的人数或机械数应符合现有资源或供应情况，并符合现场条件、工作面条件、最小劳动组合及机械效率等要求，否则应进行调整或采取必要措施。

（3）对于无定额可查或受施工条件影响较大者，可采用"三时估算法"。参见第 2 章中确定流水节拍的相关内容。

不管采用上述哪种方法确定持续时间，当施工项目是采用施工班组与机械配合施工时，都必须验算机械与人员的配合能力，否则其持续时间将无法实现或造成较大浪费。

5. 绘制施工进度计划图表

在做完以上各项工作后，即可绘制施工进度计划表（横道图）或网络图。

1）横道图

指导性进度计划横道图表的表头形式如表 4-1 所示，绘制的步骤、方法与要求如下。

表 4-1　施工进度计划表

序号	工程名称		工程量		时间定额	劳动量		机械量		工作班制	每班人（机）数	持续时间	施工进度														
	分部	分项	数量	单位		工种	工日数	型号	台班数				××××年×月												×月		
													2	4	6	8	10	12	14	16	18	20	22	24	26	28	…
1																											
2																											
3																											
⋮																											

（1）填写施工项目名称及计算数据

填写时应按照分部（分项）工程施工的先后顺序依次填写。垂直运输机械的安装、脚手架搭设及拆除等项目也应按照需用日期或与其他项目的配合关系顺序填写。填写后应检查有无遗漏、错误或顺序不当等。

（2）初排施工进度

根据施工方案及其确定的施工顺序和流水方法以及计算出的工作持续时间，依次画出各施工项目的进度线（经检查调整后，以粗实线段表示）。初排时应注意以下要求：

① 按分部（分项）工程的施工顺序依次进行，一般总体上采用分别流水法，力争在某些分部工程或某一分部工程的几个分项工程中组织节奏流水。

② 分层分段施工的项目应分层分段地画进度线，并标注层段名称，以明确施工的流向。

③ 根据工艺上、技术上及组织安排上的关系，确定各项目间是连接施工、搭接施工、还是间隔施工。

④ 尽量使主要工种连续作业，避免出现同一组劳动力（或同一台机械）在不同施工项目中同时使用的冲突现象，最好能通过带箭头的虚线明确主要专业班组人员的流动情况。

⑤ 注意某些施工过程所要求的技术间歇时间。如混凝土浇筑与拆模的养护时间；屋面水泥砂浆找平层需经养护和干燥方可铺设防水层等。

⑥ 尽量使施工期内每日的劳动力用量均衡。

（3）检查与调整

初排进度后难免出现较多的矛盾和错误，必须认真地检查、调整和修改。注意检查以下内容：

① 总工期。工期不得超出规定，但也不宜过短，否则将造成浪费且影响质量和安全。

② 从全局出发，检查各施工项目在技术上、工艺上、组织上是否合理。

③ 检查各施工项目的持续时间及起、止时间是否合理，特别应注意那些对工期起控制作用的施工项目。如果工期不符合要求，则需首先修改这些主导项目的持续时间或起止时间，即通过调整其施工人数（或机械台数）、班制或改变与其他施工项目的搭接配合关系，而达到调整工期的目的。

④ 有立体交叉或平行搭接施工的项目，在工艺上、质量上、安全上有无问题。

⑤ 技术上与组织上的间歇时间是否合理,有无遗漏。

⑥ 有无劳动力、材料、机械使用过分集中,或出现冲突的现象。施工机械是否能得到充分利用。

⑦ 冬雨季施工项目的质量、安全有无保证,其持续时间是否合理。

对不合要求的部分进行调整和修改。调整主要是针对工期和劳动力、材料等的均衡性及机械利用程度。调整的方法一般有:增加或缩短某些分项工程的施工持续时间;在施工顺序允许的情况下,将某些分项工程的施工时间向前或向后移动;必要时,还可以改变施工方法和施工组织。调整或修改时需注意以下问题:

① 调整或修改某一项可能影响若干项,因此必须从全局性要求和安排出发进行调整。

② 修改或调整后的进度计划,其工期要合理,施工顺序要符合工艺、技术要求。

③ 进度计划应积极可靠,并留有充分的余地,以便在执行中能据情况变化进行调整。

通过调整的进度计划,劳动力、材料等需要量应较为均衡,主要施工机械的利用应较为合理。劳动力消耗情况可用劳动力动态曲线图表示,其消耗的均衡性可用劳动力不均衡系数(高峰人数与平均人数的比值)判别。正常情况下,该系数不应大于 2,最好控制在 1.5 以内。

2) 网络计划

为了提高进度计划的科学性,便于用计算机进行优化和管理,应使用网络计划形式。编制要求如下:

(1) 根据列项及各项之间的关系,先绘制无时标网络计划图,经调整修改后,最好绘制时标网络计划,以便于使用和检查。

(2) 对较复杂的工程可先安排各分部工程的计划,然后再组合成单位工程的进度计划。

(3) 安排分部工程进度计划时应先确定主导施工过程,并以它为主导,尽量组织节奏流水。

(4) 施工进度计划图编制后要找出关键线路,计算出工期,并判别是否满足工期目标要求,如不满足,应进行调整(优化)。然后绘制资源动态曲线(主要是劳动力动态曲线),进行资源均衡程度的判别,如不满足要求,再进行资源优化,主要是"工期固定、资源均衡"的优化。

(5) 优化完成后再绘制出正式的单位工程施工进度网络计划图。

值得注意的是,在编制施工进度计划图表时,最好使用计划管理应用程序软件,利用计算机进行编制。不但可大大加快编制速度、提高计划图表的表现效果,还能使计划的优化易于实现,更有利于在计划的执行过程中进行控制与调整,以实现计划的动态管理。

4.3.2 施工准备计划

施工准备是根据施工部署、施工进度计划和资源配置计划编制的,是施工前进行各项准备工作和进行现场平面布置的依据。主要包括技术准备和现场准备。

1. 技术准备

技术准备是指为完成单位工程施工任务,在技术方面所需进行的准备工作。包括施工所需技术资料的准备、施工方案编制计划、试验检验及设备调试工作计划、样板制作计划等。

（1）图纸、资料的准备。图纸的翻样、深化、学习与会审，施工图集、规范、规程，检查验收所需表格、软件等。

（2）施工计量、测量器具配置计划。

（3）技术工作计划。如分部（分项）工程施工方案编制计划、试验检验工作计划、样板项和样板间制作、技术培训计划等。

（4）新技术项目推广计划。即新技术、新工艺、新材料、新设备等"四新"项目在本工程中推广应用计划。

（5）测量方案。如高程引测、建筑物定位、变形观测等。

2．现场准备

现场准备是指结合实际需要和现场条件，阐明开工前的现场安排及现场使用。主要有以下几方面。

（1）施工水、电、热源的引入与设置。包括用量计算、管线设计和设施配置，确定线路及引入方法等。

其中，临时供水设计包括水源选择，取水设施、贮水设施、用水量计算（据生产用水、机械用水、生活用水、消防用水），配水布置，管径的计算等。

临时供电设计包括用电量计算、电源选择，电力系统选择和配置。用电量主要由施工用电（电动机、电焊机、电热器等）和照明用电构成。如果是扩建的单位工程，可计算出总用电数，由建设单位解决，不另设变压器；若为独立的单位工程，应根据计算出的用电量选择变压器、配置导线和配电箱等设施。

具体设计计算参见第 5 章相关内容。

（2）生产、办公、生活临时设施的搭建。确定需要的数量，结构形式，搭建的时间、方法与要求等。

（3）材料、垃圾堆放场地的设置。

（4）临时道路、围墙修建及场地硬化的形式、做法与要求。

（5）设置雨、污水管沟、沉淀池及排水设施等。

3．列出施工准备工作计划表

表格形式见表 4-2。

表 4-2　施工准备工作计划表

序号	准备工作名称	准备工作内容	主办部门	协办部门	完成日期	负责人
1						
2						
...						

4.3.3　资源配置计划

资源配置计划是根据施工进度计划编制的，包括劳动力、材料、构配件、加工品、施工机具等的配置计划。它是组织物资供应与运输、调配劳动力和机械的依据，是组织有秩序、按计划顺利施工的保证，同时也是确定现场临时设施的依据。

1. 劳动力配置计划

劳动力配置计划主要用于调配劳动力和安排生活福利设施。其编制方法是将单位工程施工进度计划所列各施工过程,按每天(或每旬、每月)所需的人数分工种进行汇总,即可得出相应时间段所需各工种人数。表格形式见表4-3。

表4-3 单位工程劳动力配置计划

序号	工种名称	总需要量/工日	需要工人人数及时间												
			×月			×月			×月			×月			…
			上旬	中旬	下旬	上旬	中旬	下旬	上旬	中旬	下旬	上旬	中旬	下旬	…

2. 物资配置计划

1) 主要材料配置计划

材料配置计划主要用于组织备料、确定仓库或堆场面积和组织运输。其编制方法是将进度表或施工预算中所计算出的各施工过程的工程量,按材料名称、规格、使用时间及其消耗和储备定额进行计算汇总,得出每天(或每旬、每月)的材料需要量。其表格形式见表4-4。

表4-4 主要材料配置计划

序号	材料名称	规格	需要量		供应时间	备注
			单位	数量		

2) 构配件和设备配置计划

构配件和设备配置计划主要用于落实加工订货单位,组织加工、运输和确定堆场或仓库。应根据施工图纸及进度计划、储备要求及现场条件编制。其表格形式见表4-5。

表4-5 构、配件和设备配置计划

序号	品名	规格	图号、型号	需要量		使用部位	加工单位	供应日期	备注
				单位	数量				

3) 施工机具、周转材料配置计划

施工机具、周转材料配置计划包括施工机械、主要周转材料和工具、特殊和专用设备等。其配置计划主要用于确定机具、设备的供应日期,安排进场、工作和退场日期。可根据施工方案和进度计划进行编制。其表格形式见表4-6。

表4-6 施工机具、周转材料配置计划

序号	机具、周转材料、设备名称	类型、型号或规格	需要量		货源	进场日期	使用起止时间	备注
			单位	数量				

4.4　施工平面布置

单位工程施工平面布置是对一幢建筑物(或构筑物)的施工现场进行规划布置,并设计出平面布置图。它是施工组织设计的主要组成部分,是布置施工现场、进行施工准备工作的重要依据,也是实现文明施工、节约土地、降低施工费用的先决条件。其绘制比例一般为1：200～1：500。

4.4.1　设计的内容

单位工程施工平面图上应包含以下内容:

(1) 建筑总平面图上标出的已建和拟建的地上和地下的一切建筑物、构筑物及管线的位置和尺寸;

(2) 测量放线标桩、地形等高线和取舍土方的地点;

(3) 起重机的开行路线、控制范围及其他垂直运输设施的位置;

(4) 构件、材料、加工半成品及施工机具的堆场;

(5) 生产、生活用临时设施。包括搅拌站、高压泵站、各种加工棚、仓库、办公室、道路、供水管线、供电线路、宿舍、食堂、消防设施、安全设施等;

(6) 必要的图例、比例尺、方向及风向标记。

4.4.2　设计的依据

设计单位工程施工平面图应依据:建筑总平面图、施工图、现场地形图;气象水文资料、现有水源电源、场地形状与尺寸、可利用的已有房屋和设施情况;施工组织总设计;本单位工程的施工方案、进度计划、施工准备及资源供应计划;各种临时设施及堆场设置的定额与技术要求;国家、地方的有关规定等。

设计时,应对材料堆场、临时房屋、加工场地及水电管线等进行适当计算,以保证其适用性和经济性。

4.4.3　设计原则

1. 布置紧凑、少占地

在确保能安全、顺利施工的条件下,现场布置与规划要尽量紧凑,少征施工用地。既能节省费用,也有利于管理。

2. 尽量缩短运距、减少二次搬运

各种材料、构件等要根据施工进度安排,有计划地组织分期分批进场;合理安排生产流程,将材料、构件尽可能布置在使用地点附近,需进行垂直运输者,应尽可能布置在垂直运输机械附近或有效控制范围内,以减少搬运费用和材料损耗。

3. 尽量少建临时设施,所建临时设施应方便使用

在能保证施工顺利进行的前提下,应尽量减少临时建筑物或有关设施的搭建,以降低临时设施费用;应尽量利用已有的或拟建的房屋、道路和各种管线为施工服务;对必需修建的房屋尽可能采用装拆式或临时固定式;布置时不得影响正式工程的施工,避免反复拆建;各种临时设施的布置,应便于生产使用或生活使用。

4. 要符合劳动保护、安全防火、保护环境、文明施工等要求

现场布置时,应尽量将生产区与生活区分开;要保证道路畅通,机械设备的钢丝绳、缆风绳以及电缆、电线、管道等不得妨碍交通;易燃设施(如木工棚、易燃品仓库)和有碍人体健康的设施,应布置在下风处并远离生活区;要依据有关要求设置各种安全、消防、环保等设施。

根据上述原则并结合施工现场的具体情况,可设计出多个不同的布置方案,应通过分析比较,取长补短,选择或综合出一个最合理、安全、经济、可行的平面布置方案。

进行布置方案的比较时,可依据以下指标:施工用地面积;场地利用率;场内运输量,临时设施及临时建筑物的面积及费用;施工道路的长度及面积;水电管线的敷设长度;安全、防火及劳动保护、环境保护、文明施工等是否能满足要求;应重点分析各布置方案满足施工要求的程度。

4.4.4 设计的步骤与要求

1. 场地的基本情况

根据建筑总平面图、场地的有关资料及实际状况,绘出场地的形状尺寸;已建和拟建的建筑物或构筑物;已有的水源、电源及水电管线、排水设施;已有的场内、场外道路;围墙;需保护的树木、房屋或其他设施等。

2. 起重及垂直运输机械的布置

起重及垂直运输机械的布置,是施工方案与现场安排的重要体现,是关系到现场全局的中心一环。其直接影响到现场施工道路的规划、构件及材料堆场的位置、加工机械的布置及水电管线的安排。因此应首先考虑。

(1) 塔式起重机的布置

塔式起重机一般应布置在场地较宽的一侧,且行走式塔吊的轨道应平行于建筑物的长度方向,以利于堆放构件和布置道路,充分利用塔吊的有效服务范围。附着式塔吊还应考虑附着点的位置。此外还要考虑塔吊基础的形式和设置要求,保证安全性及稳定性等。

当建筑物平面尺寸或运输量较大,需群塔作业时,应使相交塔吊的臂杆有不小于 5m 的安装高差,并规定各自转动方向和角度,以防止相互干扰和发生安全事故。

塔吊距离建筑物的尺寸,取决于最小回转半径和凸出建筑物墙面的雨篷、阳台、挑檐尺寸及外脚手架的宽度。对于轨道行走式塔吊,应保证塔吊行驶时与凸出物有不少于 0.5m 的安全距离;对于附着式塔吊还应符合附着臂杆长度的要求。

塔吊布置后,要绘出服务范围。原则上建筑物的平面均应在塔吊服务范围以内,尽量避

免出现"死角"。塔吊的服务范围及主要运输对象的布置示例如图 4-8 所示。

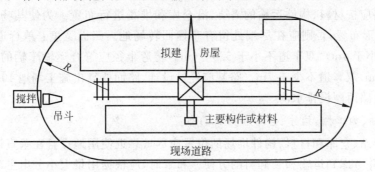

图 4-8 轨道式塔吊的服务范围

塔吊的布置不仅要满足使用要求,还要考虑安装和拆除的方便。

(2) 自行式起重机的布置

采用自行式起重机(履带式、轮胎式或汽车式等)时,应绘制出吊装作业时的停位点、控制范围及其开行路线。

(3) 固定式垂直运输设备的布置

布置井架、门架或施工电梯等垂直运输设备,应根据机械性能、建筑平面的形状和尺寸、施工段划分情况、材料来向和运输道路情况而定。目的是充分发挥机械的能力,并使地面及楼面上的水平运距最小或运输方便。垂直运输设备应布置在阳台或窗洞口处,以减少施工留槎、留洞和拆除垂直运输设备后的修补工作。

垂直运输设备离开建筑物外墙的距离,应视屋面檐口挑出尺寸及外脚手架的搭设宽度而定。卷扬机的位置应尽量使钢丝绳不穿越道路,距井架或门架的距离不宜小于 15m 的安全距离,也不宜小于吊盘上升的最大高度(使司机的视仰角不大于 45°);同时要保证司机视线好,距拟建工程也不宜过近,以确保安全。

当垂直运输设备与塔吊同时使用时,应避开塔吊布置,以免设备本身及其缆风绳影响塔吊作业,保证施工安全。

(4) 混凝土输送泵及管道的布置

在钢筋混凝土结构中,混凝土的垂直运输量约占总运输量的 75% 以上,输送泵的布置至关重要。

混凝土输送泵应设置在供料方便、配管短、水电供应方便处。当采用搅拌运输车供料时,混凝土输送泵应布置在大门附近,其周围最好能停放两辆搅拌车,以保证供料的连续性,避免停泵或吸入空气而产生气阻;当采用现场搅拌供应方式时,混凝土输送泵应靠近搅拌机,以便直接供料(需下沉输送泵或提高搅拌机)。

泵位直接影响配管长度、输送阻力和效率。布置时应尽量减少管道长度,少用弯管和软管。垂直向上的运输高度较大时,应使地面水平管的长度不小于垂直管长度的 1/4,且不宜少于 15m,否则应在距泵 3~5m 处设截止阀,以防止反流。倾斜向下输送时,地面水平管应转 90° 弯,并在斜管上端设排气阀;高差大于 20m 时,斜管下端应有不少于 5 倍高差的水平管,或设弯管、环形管,以防止停泵时混凝土坠流而使泵管进气。

3. 布置运输道路

现场主要道路应尽可能利用已有道路,或先建好永久性道路的路基(待施工结束时再铺路面),不具备以上条件时应铺设临时道路。

现场道路应按材料、构件运输的需要,沿仓库和堆场进行布置。为使其畅行无阻,宜采用环形或"U"形布置,否则应在尽端处留有车辆回转场地。路面宽度:单行道应为 3～4m (消防车道不小于 4m),双车道不小于 5.5～6m。转弯半径应符合运输车辆的要求,一般单车道不少于 9m,双车道不少于 7m。路基应经过设计,路面要高出施工场地 10～15cm,雨季还应起拱。道路两侧设排水沟。

4. 搅拌站、加工棚、构件、仓库和材料的布置

现场搅拌站、仓库和材料、构件堆场的位置应尽量靠近使用地点且在垂直运输设备有效控制范围内,并考虑到运输和装卸料的方便。布置时,应根据用量大小分出主次。

(1) 搅拌站

现场搅拌站包括混凝土(或砂浆)搅拌机、粗细骨料堆场、水泥库(罐)、白灰库、称量设施等。砂、石、水泥、白灰等拌合材料应围绕搅拌机布置,并根据上料及称量方式,确定其与搅拌机的关系。同时这些材料的堆场或库房应布置在道路附近,以方便材料进场。

有大体积混凝土基础时,搅拌站可布置在基坑边缘附近,待混凝土浇筑后再转移。搅拌站应搭设搅拌机棚,并设置排水沟和污水沉淀池。

为了减少拌合物的运距,搅拌站应尽可能布置在垂直运输机械附近。当用塔吊运输时,搅拌机的出料口宜在塔吊的服务范围之内,以便就地吊运;当采用泵送运输时,搅拌机的出料口在高度及距离上应能与输送泵良好配合,使拌合物能直接卸入输送泵的料斗内。

(2) 加工棚、场

钢筋加工棚及加工场、木加工棚、水电及通风加工棚均可离建筑物稍远些,尽量避开塔吊,否则应搭设防护棚。各种加工棚附近应设有原材料及成品堆放场(库),原料堆放场地应考虑来料方便而靠近道路,成品堆放应便于向使用地点运输。如钢筋成品及组装好的模板等,应分门别类地存放在塔吊控制范围内。对产生较大噪声的加工棚(如搅拌棚、电锯房等),应采取隔声封闭措施。

(3) 预制构件

根据起重机类型和吊装方法确定构件的布置。采用塔吊安装的多层结构,应将构件布置在塔吊服务范围内,且应按规格、型号分别存放,保证运输和使用方便。成垛堆放构件时,高度应符合强度及稳定性要求,各垛间应保留检查、加工及起吊所要求的间距。

各种构件应根据施工进度安排及供应状况,分期分批配套进场,但现场存放量不宜少于两个流水段或一个楼层的用量。

(4) 材料和仓库

仓库和材料堆场的面积应经计算确定,以适应各个施工阶段的需要。布置时,可按照材料使用的阶段性,在同一场地先后可堆放不同的材料。根据材料的性质、运输要求及用量大小,布置时应注意以下几点:

① 对大宗的、重量大的和先期使用的材料,应尽可能靠近使用地点和起重机及道路,少量的、轻的和后期使用的可布置在稍远的地点。

② 对模板、脚手架等需周转使用的材料,应布置在装卸、吊运、整理方便且靠近拟建工程的地方。

③ 对受潮、污染、阳光辐射后易变质或失效的材料和贵重、易丢失、易损坏、有毒的材料

及工具、小型机械等必须入库保管,或采取有效堆放措施,其位置应利于保管、保护和取用。

④ 对易燃、易爆和污染环境的材料(如防水卷材库、涂料库、木材场、石灰库等)应设置在下风向处,且易燃、易爆材料还应远离火源。

5. 布置临时用房

临时房屋包括:办公室、会议室、警卫传达室、宿舍、食堂、开水房、医务室、浴室、福利性用房等。在能满足生产和生活的基本需求下,尽可能少建。如有可能,尽量利用已有设施或正式工程,以节约费用和场地。必须修建时,应进行必要的设计。

布置时,应保证使用方便、不妨碍拟建工程及待建管线工程施工,应避开塔吊作业范围和高压线路,距离运输道路 1m 以上。临时房屋应采用不燃或难燃材料搭建,且各栋之间距离不少于 3.5m。锅炉房、厨房等用明火的设施应设在下风向处。房屋的开间、进深尺寸应依据结构形式,不宜过大,活动房屋的高度不得超过三层。

6. 布置临时水电管网及设施

(1) 供水设施

临时供水要经过计算、设计,然后进行布置。单位工程的供水干管直径不应小于100mm,支管径为 40mm 或 25mm。管线布置应使线路长度最短,常采用枝状布置。消防水管和生产、生活用水管可合并设置。管线宜暗埋,在使用点引出,并设置水龙头及阀门。管线宜沿路边布置,且不得妨碍在建或拟建工程施工。

消防用水一般利用城市或建设单位的永久性消防设施。如自行安排,应符合以下要求:消防水管线直径不小于 100mm;一般现场消火栓间距不大于 120m,消火栓宜布置在转弯处的路边,距路不大于 2m,距房屋或主要使用点不小于 5m 也不应大于 25m。消火栓周围3m 之内不能堆料或有障碍物,并设置明显标志。

高层建筑施工需设蓄水池、高压水泵及施工输水立管和消防竖管,高压水泵应不少于两台(一台备用);消防竖管管径不应小于 65mm;每两个楼层应设一个临时消火栓,每个消火栓的服务半径不大于 25m。

(2) 排水设施

为了便于排除地面水和地下水,要及时修通永久性下水道,并结合现场地形和排水需要,设置明或暗排水沟。

(3) 供电设施

临时用电包括施工用电(电动机、电焊机、电热器等)和照明用电。变压器应布置在现场边缘高压线接入处,离地应大于 50cm,在四周 1m 以外设置高度大于 1.7m 的围栏,并悬挂警告牌。配电线路宜布置在围墙边或路边,架空设置时电杆间距为 25~35m;架空高度不小于 4m(橡皮电缆不小于 2.5m),跨车道处不小于 6m;距建筑物或脚手架不小于 4m,距塔吊所吊物体的边缘不小于 2m。不能满足上述距离要求或在塔吊控制范围内时,宜埋设电缆。其埋设深度不小于 0.6m,电缆上下均铺设不少于 50mm 厚的细砂,并覆盖砖、石等硬质保护层后再覆土,穿越道路或引出处应加设防护套管。

配电系统应设置配电柜或总配电箱、分配电箱、开关箱,实行三级配电。总配电箱下可设若干个分配电箱(分配电箱可设置多级);一个分配电箱下可设若干个开关箱;每个开关箱只能控制一台设备。开关箱距用电器位置不超过 3m,距分配电箱不超过 30m。固定式配电箱上部应设置防护棚,周围设保护围栏。

4.4.5 需注意的问题

土木工程施工是一个复杂多变的生产过程,随着工程的进展,各种机械、材料、构件等陆续进场又逐渐消耗、变动。因此,施工平面图应分阶段(地下、主体结构、装饰装修等)进行设计,但各阶段的布置应彼此兼顾。施工道路、水电管线及各种临时房屋不要轻易变动,也不应影响室外工程、地下管线及后续工程的进行。

4.5 施工管理计划与技术经济指标

4.5.1 主要施工管理计划的制定

施工管理计划包括进度管理计划、质量管理计划、安全管理计划、环境管理计划、成本管理计划以及其他管理计划等内容。在编制施工组织设计时,各项管理计划可单独成章,也可穿插在相应章节中。各项管理计划的制定,应根据项目的特点有所侧重。编制时,必须符合国家和地方政府部门的有关要求,正确处理成本、进度、质量、安全和环境等之间的关系。

1. 进度管理计划

进度管理计划应按照项目施工的技术规律和合理的施工顺序,保证各工序在时间上和空间上顺利衔接。主要内容包括:

(1) 对施工进度计划进行逐级分解,通过阶段性目标的实现保证最终工期目标;

(2) 建立施工进度管理的组织机构并明确职责,制定相应管理制度;

(3) 针对不同施工阶段的特点,制定进度管理的相应措施,包括施工组织措施、技术措施和合同措施等;

(4) 建立施工进度动态管理机制,及时纠正施工过程中的进度偏差,并制定特殊情况下的赶工措施;

(5) 根据项目周边环境特点,制定相应的协调措施,减少外部因素对施工进度的影响。

2. 质量管理计划

质量管理计划应按照《质量管理体系要求》GB/T 19001,在施工单位质量管理体系的框架内编制。主要内容包括:

(1) 按照工程项目要求,确定质量目标并进行目标分解;

(2) 建立项目质量管理的组织机构并明确职责;

(3) 制定符合项目特点的技术和资源保障措施、防控措施(如原材料、构配件、机具的要求和检验,主要的施工工艺、主要的质量标准和检验方法,夏季、冬季和雨季施工的技术措施,关键过程、特殊过程、重点工序的质量保证措施,成品、半成品的保护措施,工作场所环境以及劳动力和资金保障措施等);

(4) 建立质量过程检查制度,并对质量事故的处理做出相应规定。

3. 安全管理计划

建筑施工安全事故(危害)通常分为七大类：高处坠落、机械伤害、物体打击、坍塌倒塌、火灾爆炸、触电、窒息中毒。安全管理计划应针对项目具体情况,建立安全管理组织,制定相应的管理目标、管理制度、管理控制措施和应急预案等。安全管理计划可参照《职业健康安全管理体系规范》GB/T 28001,在施工单位安全管理体系的框架内编制。主要内容包括：

(1) 确定项目重要危险源,制定项目职业健康安全管理目标；

(2) 建立有管理层次的项目安全管理组织机构并明确职责；

(3) 根据项目特点,进行职业健康安全方面的资源配置；

(4) 建立具有针对性的安全生产管理制度和职工安全教育培训制度；

(5) 针对项目重要危险源,制定相应的安全技术措施；对达到一定规模的危险性较大的分部(分项)工程和特殊工种的作业,应制定专项安全技术措施的编制计划；

(6) 根据季节、气候的变化,制定相应的季节性安全施工措施；

(7) 建立现场安全检查制度,并对安全事故的处理做出相应规定。

4. 环境管理计划

施工中常见的环境因素包括大气污染、垃圾污染、施工机械的噪声和振动、光污染、放射性污染、生产及生活污水排放等。环境管理计划可参照《环境管理体系要求及使用指南》GB/T 24001,在施工单位环境管理体系的框架内编制。主要内容包括：

(1) 确定项目重要环境因素,制定项目环境管理目标；

(2) 建立项目环境管理的组织机构并明确职责；

(3) 根据项目特点,进行环境保护方面的资源配置；

(4) 制定现场环境保护的控制措施；

(5) 建立现场环境检查制度,并对环境事故的处理做出相应规定。

5. 成本管理计划

成本管理计划应以项目施工预算和施工进度计划为依据进行编制。主要内容包括：

(1) 根据项目施工预算,制定项目施工成本目标；

(2) 根据施工进度计划,对项目施工成本目标进行阶段分解；

(3) 建立施工成本管理的组织机构并明确职责,制定相应管理制度；

(4) 采取合理的技术、组织和合同等措施,控制施工成本；

(5) 确定科学的成本分析方法,制定必要的纠偏措施和风险控制措施。

6. 其他管理计划

除上述管理计划外,还宜编制绿色施工管理计划、防火保安管理计划、合同管理计划、组织协调管理计划、创优质工程管理计划、质量保修管理计划以及对施工现场人力资源、施工机具、材料设备等生产要素的管理计划等。

其他管理计划可根据项目的特点和复杂程度加以取舍。各项管理计划的内容应有目标,有组织机构,有资源配置,有管理制度和技术、组织措施等。

4.5.2　技术经济指标

在单位工程施工组织设计的编制基本完成后,通过计算各项技术经济指标,作为对施工组织设计评价和决策的依据。主要指标及计算方法如下：

1. 总工期

总工期是指从破土动工至竣工的全部日历天数。其反映了施工组织能力与生产力水平。可与定额规定工期或同类工程工期相比较。

2. 单方用工

单方用工指完成单位合格产品所消耗的主要工种、辅助工种及准备工作的全部用工。其反映了施工企业的生产效率及管理水平，也可反映出不同施工方案对劳动量的需求。

$$单方用工 = \frac{总用工数（工日）}{建筑面积（m^2）}$$

3. 质量优良品率

质量优良品率是施工组织设计中确定的重要控制目标。主要通过保证质量措施实现，可分别对单位工程、分部（分项）工程进行确定。

4. 主要材料（如三大材）节约指标

亦为施工组织设计中确定的控制目标，靠材料节约措施实现。包括：

$$主要材料节约量 = 预算用量 - 施工组织设计计划用量$$

$$主要材料节约率 = \frac{主要材料计划节约额（元）}{主要材料预算金额（元）} \times 100\%$$

5. 大型机械耗用台班数及费用

反映机械化程度和机械利用率，通过以下两式计算：

$$单方耗用大型机械台班数 = \frac{耗用总台班（台班）}{建筑面积（m^2）}$$

$$单方大型机械费用 = \frac{计划大型机械台班费（元）}{建筑面积（m^2）}$$

6. 降低成本指标

$$降低成本额 = 预算成本 - 施工组织设计计划成本$$

$$降低成本率 = \frac{降低成本额（元）}{预算成本（元）} \times 100\%$$

预算成本是根据施工图按预算价格计算的成本，计划成本是按施工组织设计所确定的施工成本。降低成本率的高低，可反映出不同施工组织设计所产生的不同经济效果。

4.6 工程案例——某综合楼工程施工组织设计

4.6.1 工程概况

1. 工程基本情况及设计特点

本工程为一座高层办公楼，用地面积为 6800m²，建筑物占地面积为 1249m²。平面为矩形，南北长为 36.4m，东西向宽度为 34.3m，地下两层，地上十五层。总建筑面积为

18828m²，±0.000 相当于绝对标高 42.4m，基底标高为 −10.4m，建筑物最高点 67.30m。具体形状、尺寸见平、立、剖面简图（略）。

地下二层平时为停车场，战时为六级人防，层高 3.9m；地下一层为变配电间及其他备用房，层高 5.4m。首层为接待厅、餐厅及办公用房，层高 5.1m，二层为会议室及多功能用房，三层至十五层为办公用房，十五层顶设有电梯机房及水箱间。

外墙面装饰为茶色玻璃幕墙、灰色磨光花岗岩及铝合金幕墙。屋顶为上人屋面。建筑物内设有四部电梯、三部楼梯。

本工程为现浇框架—剪力墙结构，按 8 度抗震设防，采用筏板基础。钢筋为 HPB235 和 HRB400 级。基底垫层为 C15 混凝土，±0.000 以下为 C30P6 抗渗混凝土，±0.000 以上为 C30～C50 混凝土。填充墙材料为陶粒混凝土空心砌块和加气混凝土块。

2. 地点特征

场地地形平坦，场区内无障碍物，周围无住宅区。根据地质勘察报告，地表以下有 0.8～2.0m 回填土，其下是粉土和粗砂土，持力层为砂土层，承载力 $f_k = 250$kPa。静止水位埋深为 −4.3m，为潜水层，对混凝土无腐蚀性。每年 12 月至来年 2 月为冬季，6、7 月为雨季。

3. 施工条件及工程特点

本工程场地较小，各种临时设施均需由施工单位自行解决。基础埋深较大，建筑物较高，垂直运输量大；工期紧迫，施工难度较大。

4.6.2 施工部署

1. 组织机构与任务分工

项目组织机构及各职能部门主要任务分工见图 4-9。

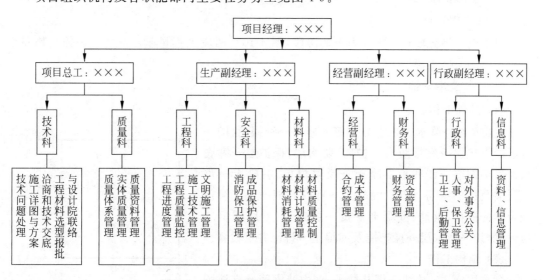

图 4-9 项目组织机构及职能部门任务分工

2．施工原则要求

按先地下后地上的原则，将工程划分为基础、主体结构、内外装修和收尾竣工四个阶段。

基础工程：降水、挖土及护坡完成后，浇筑混凝土垫层，做底板防水层，筏形基础施工，做两层地下结构，再做外墙防水层及回填土。设置土钉墙应在留足防水操作面情况下，以少回填土为原则。

主体结构：要紧密围绕模板、钢筋、混凝土这三大工序组织施工，注意计算好支模材料量及钢筋供应量。

内外装修：要在结构进行到一定高度及时插入墙体砌筑和内部粗装修，在结构完成后全面进入内外装修。组织立体交叉和流水作业，安排好各工序的搭接。

收尾竣工：要抓紧收尾工作，抓好破活修理、收头，并做好成品保护。

总之，土建、水、暖、动、电、卫、燃及设备安装等各工种、工序之间要密切配合，合理安排，组织流水施工，做到连续均衡生产。

3．任务划分

项目部总承包，土方开挖由机械公司完成，地下及结构劳务由××公司承包，水电队负责水暖电动卫工程，室内后期装修组织两个施工队同时进行。电梯由建设单位委托生产厂家进行安装调试，玻璃幕墙、石材幕墙及铝合金门窗等委托生产厂家制作并安装，防水工程由项目部委托生产厂家施工。一切工序必须按照综合进度计划合理穿插作业。

4．主要工期控制

(1) 开工奠基定于 2011 年 4 月 1 日。

(2) 降水、土方开挖及护坡工程控制在 2011 年 5 月 15 日前完成。

(3) ±0.000 以下控制在 2011 年 7 月 25 日前完成。

(4) 主体结构工程控制在 2012 年 1 月 25 日前完成。

(5) 装饰装修工程控制在 2012 年 6 月 10 日前完成。

5．流水段划分

地下施工不分段；主体分为 1、2 两段(图 4-10)，两段工程量基本相等；装饰装修每个楼层作为一个施工段。

6．施工顺序安排

(1) 基础工程

定位放线→降水→挖土方土钉墙施工→钎探、验槽→浇混凝土垫层→底板防水保护墙、防水层、保护层→绑底板及反梁钢筋→浇底板混凝土→反梁模板、混凝土→负二层墙及柱的钢筋、模板、混凝土→拆模养护→负二层顶板及梁的模板、钢筋、混凝土→负一层施工(顺序同负二层)→养护→防水层→保护墙及回填土→拆除井点设备。

(2) 结构工程

标准层顺序：放线→绑扎柱子、剪力墙钢筋→支柱墙模板→浇柱墙混凝土→支梁底模→绑扎梁筋→支梁侧模、顶板模→绑扎顶板钢筋(水电管预埋)→浇梁板混凝

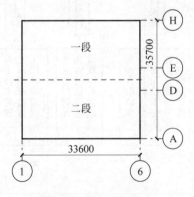

图 4-10　分段示意图

土→养护→拆模。

（3）装饰装修工程

① 室内装修：结构处理→二次结构施工→墙体、楼地面抹灰→水、电、设备管线安装→贴墙面砖→吊顶龙骨→铺楼地面花岗石或地砖→门窗安装→吊顶板、窗帘盒→挂镜线安装、木装饰工程→粉刷油漆→灯具、设备安装→清理→竣工。

② 室外装修：屋面工程→安装吊篮架子→结构处理、安幕墙龙骨→幕墙面层→细部处理→台阶、散水→清理。

4.6.3　主要施工方法

1. 测量工程

（1）本工程的位置由设计总平面图及规划红线桩确定，现场设标高控制网和轴线控制网。标高控制网应根据复核后的水准点引测，闭合差不应超过 $\pm 5\text{mm}\sqrt{n}$ 或 $\pm 20\text{mm}\sqrt{L}$，经有关部门验收后方可使用。

（2）对于本工程的竖向控制，采取在每层设 4 个主控点，用激光经纬仪向上投测，各层均应由首层 ± 0.000 为初始控制点。层间垂直度测量偏差不应超过 3mm；建筑物全高测量偏差不应超过 3H/10000，且不大于 15mm。

2. 降水、护坡桩工程

采用深管井井点降水，土钉墙支护。详见降水、支护方案。

3. 土方工程

（1）由于基础深度大、土方量大、场地狭小，边坡坡度为 1∶0.1，土方随开挖随做土钉墙，坡脚距垫层间留足 100mm 支设模板位置。

（2）现场配备两台 WY-100 反铲挖土机，土方分步开挖，第一步挖至 −2.6m（自然地坪为 −0.6m），然后做第一步土钉墙。以后每步挖深 1.5m，随后进行土钉墙施工，直至槽底。槽底预留 200mm 厚土层由人工清底，以达到不扰动基础下老土为目的。若挖土超过设计槽底，不得随意回填，应按验槽意见处理。

（3）运土坡道，利用设计的地下停车场下车坡道，同时开挖。

（4）随清底跟进机械打钎进行钎探，及时请勘察、设计、甲方及监理共同验槽。

4. 基础施工

基础分底板、墙、顶板三次浇筑。筏形基础底板采取斜面分层连续浇筑方案，底板以上反梁进行二次浇筑。采用商品混凝土，浇筑底板时的运输量不少于 $50\text{m}^3/\text{h}$，以保证不出现冷缝。基础底板混凝土施工详见《大体积混凝土施工方案》。

（1）基础模板

墙体模板采用 60 系列组合钢模板拼制，用型钢龙骨组拼。外墙对拉螺栓采用工具式止水螺栓。梁、楼板模板采用 18 厚胶合板模板，用碗扣式钢支柱排架支模。

（2）变形缝止水带用夹板与钢筋牢固固定，接头处采用焊接连接。振捣混凝土时不得碰撞、触动止水带。外墙的穿墙管道处，先预埋带止水环和法兰的套管。

（3）卷材防水层施工

墙体防水层采用外贴法施工。找平层应抹压密实，阴阳角要抹成圆弧状。卷材要按规范要求做附加层，搭接长度不小于150mm，与基层粘贴牢固。卷材进场必须有产品合格证，经现场取样复试合格后方可使用。底板下卷材铺贴后，需经检查验收合格方可做保护层。墙体防水层施工及验收后，要及时保护并配合回填。

（4）防水混凝土养护

防水混凝土保湿养护不得少于14昼夜。基础底板表面可先覆盖一层塑料薄膜，待混凝土强度达到1.2MPa后，再覆盖草袋养护。墙体模板拆除后，应派专人喷水养护，保持湿润。

5. 钢筋工程

本工程钢筋主要在现场加工成型。所用钢筋的合格证必须齐全，经复验合格后使用。

（1）钢筋的规格不符合设计要求时，应与设计人员洽商处理，不得任意代用。

（2）直径在20mm以上的钢筋采用剥肋滚轧直螺纹连接，其他采用搭接连接。所有钢筋均采取现场散绑成型。

（3）筏基底板、顶板钢筋较密，上下层钢筋应分两次隐检。

（4）墙体钢筋横筋在外，竖筋在内。墙、柱钢筋接头上下错开50%，位置不在箍筋加密区。

（5）地下室的防水混凝土，迎水面钢筋保护层厚度为50mm。任何接头、管线、埋件、支架等均不得碰触模板。

（6）顶板钢筋绑扎时，注意与预埋于楼板内的水电管配合，保证钢筋绑扎到位。

（7）在浇筑混凝土前，墙、柱钢筋必须设置定位支架。

（8）为减轻塔吊压力，钢筋的进场可安排在夜间进行。

（9）浇筑混凝土时，必须派专人整理钢筋，防止变形、移位、开扣或垫块脱落。

6. 模板工程

本工程模板量大、构件形状尺寸变化多。为适应多变条件，柱、梁和楼板模板使用覆膜竹胶合板模板，墙体采用灵活性较强的60系列钢模体系。所有模板接缝处必须粘贴海绵密封条挤紧。

（1）柱模板

按柱子的尺寸拼成每面一片，50×100木枋作肋，间距不大于200mm。安装时先安两侧内模，再安装两外面模板。柱箍采用10#槽钢和直径16mm的螺纹钢拉杆构成，柱箍间距不大于600mm。见图4-11。柱子每边设两道支撑及一根拉杆，固定于事先预埋在楼板内的钢筋头和钢筋环上，用经纬仪控制、花篮螺栓调节校正模板垂直度。支撑及拉杆与地面板夹角不大于45°。

（2）梁模板

梁模板采用双排碗扣架子支柱，间距600mm，下垫通长脚手板。支柱顶部设置丝杠U形托，底部设可调底座，支柱之间设水平拉杆并加设剪刀撑。主龙骨用100×100木枋。覆膜竹胶合板模板钉于50×100木枋次龙骨上，预制成底模和侧模板，可周转使用。支模时，按设计标高调整支柱高度后安装梁底模板，梁底跨中起拱高度宜为跨长的0.2%。绑扎完梁钢筋清除杂物后安装侧模板，用钢管三角架支撑固定梁侧模板。梁高超过700mm者，侧模中间穿ϕ14对拉螺栓拉结，间距不大于600mm，防止胀模。构造见图4-12。

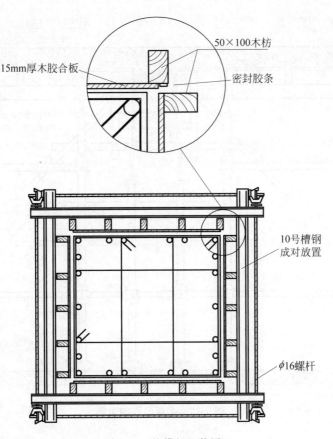

图 4-11 柱模板组装图

（3）楼板模板

支柱下垫通长脚手板，从边跨一侧开始安装支柱，同时安装 100mm×100mm 木枋主龙骨，最后调节支柱高度将大龙骨找平并起拱 0.2%。次龙骨采用 50mm×100mm 木枋，间距 200mm。构造见图 4-12。胶合板模板从一侧开始铺设，与小龙骨钉接固定。铺完后，用水准仪测量模板标高，进行校正。拼缝处粘贴密封条，保证严密。

（4）剪力墙模板

按位置线安装门洞口模板，下预埋件后，把预先拼好的一面模板按位置线就位，然后安装拉杆或斜撑、安装塑料套管和穿墙螺栓，清扫墙内杂物，再安装另一侧模板，调整斜撑（拉杆）使模板垂直后，拧紧穿墙螺栓。模板安装完毕后，检查扣件、螺栓是否紧固，接缝及下口是否严密，再办预检手续。

7．混凝土工程

混凝土采用预拌商品混凝土，由搅拌站直接供应至现场。现场设置搅拌站供局部使用。基础底板混凝土采用两台泵车浇筑，其他部位均采用地泵运输，并配合移置式布料杆进行浇灌。应注意以下几个方面：

（1）混凝土浇筑前，必须在罐车内进行二次搅拌。混凝土从搅拌机中卸出到入模浇筑完毕不得超过 2h。

（2）混凝土自由倾落高度不得超过 1.5m，柱子高度超过 3m 者，必须使用串筒浇筑。

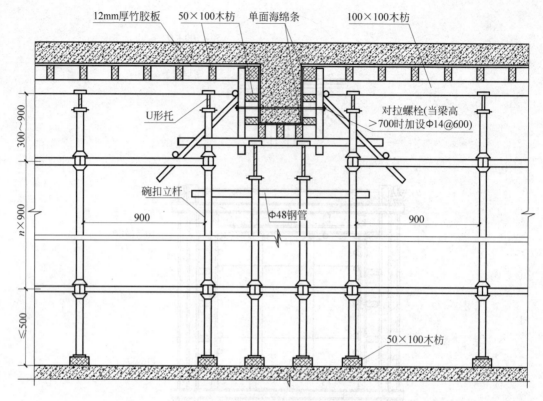

图 4-12　梁板模板构造图

（3）浇筑混凝土时，应设专人看筋、看模，注意观察模板、钢筋、预埋孔洞、预埋件和插筋有无移动、变形或堵塞情况，发现问题及时处理。

（4）现浇混凝土表面按抄定的标高控制，板面应用抹子抹平。

（5）柱子混凝土浇筑前先垫 20～30mm 厚与混凝土浆液同成分的水泥砂浆。混凝土每层浇筑厚度不超过 600mm。

（6）梁板混凝土同时浇筑，自柱节点处向跨中用赶浆法浇筑。施工缝采用快易收口网留设，位置在 1/3 跨度处，施工缝接缝应按规定工艺处理。

（7）浇筑混凝土后，应立即清除钢筋上的混凝土、砂浆污渍。

（8）常温时混凝土养护时间不少于 7d，抗渗混凝土不少于 14d。

（9）按规范做好混凝土试块，留足试块数量。试块在浇筑地点取样，同条件养护试块采用带锁钢筋笼安放在施工层，与结构构件同时养护。标养试块拆模后及时送入标养室养护。

8. 砌筑工程

（1）填充墙砌筑前，应根据设计要求和框架施工结果，在允许偏差范围内，适当调整墙的内外皮线，以提高外墙面和高大空间内墙面的垂直度和平整度，减薄抹灰基层厚度。

（2）填充墙的皮数画在柱子面上，砌筑时应拉线控制。拉墙钢筋每两皮砌块设置一道，预先植筋，不得遗漏，钢筋压入墙内长度不少于 600mm，端部做 180°弯钩。门窗洞口做好构造柱及现浇过梁，构造柱钢筋与上下梁板中打入的膨胀螺栓焊接。

（3）砌筑加气混凝土墙时，墙根砌三皮页岩砖，保证踢脚基层不空；墙顶处用小砖斜

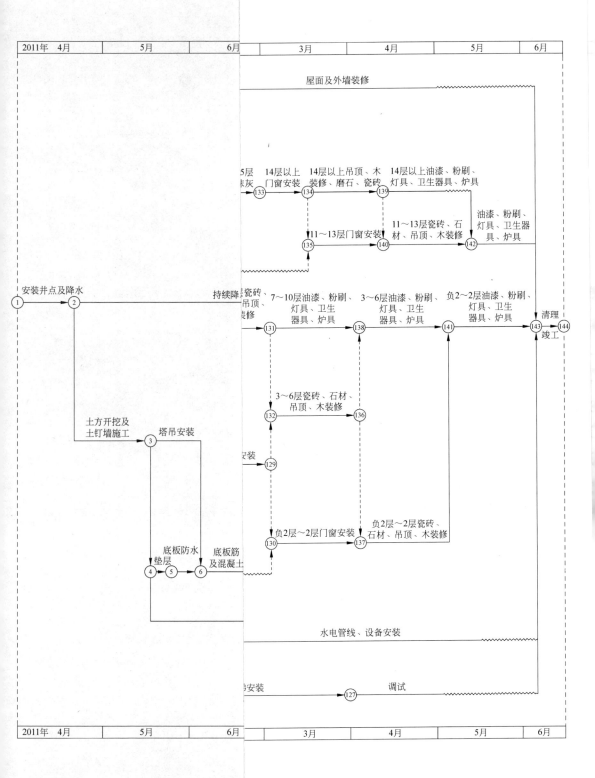

屋面及外墙装修

5层   14层以上   14层以上吊顶、木   14层以上油漆、粉刷、
张灰   门窗安装   装修、磨石、瓷砖、   灯具、卫生器具、炉具
         →133→   134→   139

                                                          油漆、粉刷、
                              11~13层瓷砖、石   灯具、卫生器
                11~13层门窗安装 材、吊顶、木装修   具、炉具
                →135→   140→   142

持续降   瓷砖、 7~10层油漆、粉刷、   3~6层油漆、粉刷、   负2~2层油漆、粉刷、
安装井点及降水   吊顶、 灯具、卫生   灯具、卫生   灯具、卫生
1→2   装修   器具、炉具   器具、炉具   器具、炉具   清理
                   131→   138→   141→   143→144
                                                                  竣工

                                   3~6层瓷砖、石材、
                                   吊顶、木装修
                         132→   136

土方开挖及
土钉墙施工   塔吊安装
3

         安装
         →129

                                                负2层~2层瓷砖、
           底板防水   负2层~2层门窗安装 石材、吊顶、木装修
           垫层   底板筋   130→   137
4→5→6   及混凝土

水电管线、设备安装

           安装   调试
                      127

砌,与梁底或板底顶紧,砌筑时间应晚于墙体 14d 以上,并按设计要求加抗震铁卡。

9. 架子工程

由于肥槽回填较晚,结构施工阶段采用悬挑工字钢梁,搭设双排扣件式钢管外脚手架,在 6 层和 12 层两次卸载。装修阶段使用工具式吊篮架子。详细做法见架子施工方案。

10. 垂直运输及水平运输方法

(1)结构施工时选用 1 台 QTZ80 塔式起重机,臂长 45m,覆盖整个建筑物及混凝土搅拌棚、钢筋场、模板场等。

(2)地上结构施工混凝土采用 HBT80 泵配合移置式布料杆进行运输和浇灌。

(3)装修阶段选用一部双笼施工电梯。

(4)现场材料、构件倒运,用汽车与塔吊或汽车吊配合作业。

塔吊和施工电梯的选择计算、基础及附着设置,倒料平台设计、安装及使用要求等详见垂直运输方案。

11. 装饰装修工程

在主体结构施工至五层时插入二次结构,随后开始内部粗装修。待结构封顶后,全面展开屋面及内外装修工程。由于采取立体交叉作业,需协调好各方关系,保证工程质量,做好成品保护。详细施工方法将另作装修工程方案。

12. 水电暖卫工程

结构施工中,水、暖、电、卫、通风、设备安装及电梯安装工程,均应和土建项目密切配合,各专业施工单位均应派专人负责,及时预埋预留,不得遗漏。在室内装修前,要将所有立管做好。

4.6.4　施工进度计划

本工程合同工期为 17.5 个月。故此,在每层结构模板拆除后,立即进行墙体砌筑和抹灰工程,待 10 层抹灰完成后,开始向下进行室内精装作业,15 层抹灰完成后,进行 15～11 层室内精装工程,综合控制计划见图 4-13。

4.6.5　施工准备

抓好施工现场的"三通一平"工作,即水通、电通、道路通和场地平整;搭建好生产和生活设施,落实好生产和技术准备工作。

1. 技术准备

(1)在接到施工图纸后,各级技术人员、施工人员要认真熟悉图纸,技术部门负责组织好图纸会审,会审时应特别注意审查建筑、结构、上下水、电气、热力、动力等图纸是否矛盾,发现问题及时提出,争取在施工前办好一次性洽商,同时确定各工程项目的做法、材料、规格,为翻样和加工订货创造条件。

(2)摸清设计意图,编制施工组织设计和较复杂的分项工程施工方案。

(3)根据规划局提供的红线和高程,引入建筑物的定位线和标高。

（4）根据现场情况，分阶段做好现场的平面布置。

（5）提出大型机具计划，编制加工订货计划。

2. 生产准备

1）平整场地：场地自然地坪为 $46.90\sim47.16$m，与建筑物室外标高 49.00m，尚有 2m 左右差距，施工前期不能填土，开挖时应计算好以后回填土方量。但开挖前应有统一的竖向设计，以利于雨季排水。原则上雨水向北排至大街下水道。

在平整场地的同时，按施工平面布置图完成现场道路施工，采用级配砂石硬化场地，混凝土铺设路面。

2）测量定位：本工程结构形状复杂，要计算好必要的定位点，根据甲方所提供的红线桩测设，标高由甲方提供的水准点引入。定位点和标高必须经甲方核验，并办好验收手续。

3）工地临时供水

（1）用水量计算

① 现场施工用水量 q_1，以用水量最大的楼板混凝土浇筑用水量计算：

$$q_1 = K_1 \frac{\sum Q_1 N_1 K_2}{8 \times 3600} = 1.15 \times \frac{100 \times 2000 \times 1.5}{8 \times 3600} = 12.0(\text{L/s})$$

式中　K_1——未预计的施工用水系数（取 1.15）；

　　　Q_1——工程量（取浇筑混凝土 100m^3/班）；

　　　N_1——施工用水定额（取 2000L/m^3）；

　　　K_2——现场施工用水不均衡系数（取 1.5）。

② 施工现场生活用水量 q_2，按施工高峰期人数 $P_1 = 400$ 人计算：

$$q_2 = \frac{P_1 N_2 K_3}{b \times 8 \times 3600} = \frac{400 \times 30 \times 1.3}{1.5 \times 8 \times 3600} = 0.36(\text{L/s})$$

式中　N_2——施工现场生活用水定额（取 30L/（人·日））；

　　　K_3——施工现场生活用水不均衡系数（取 1.3）；

　　　b——每天工作班数（取 1.5）。

③ 生活区生活用水量 q_3：$q_3 = \frac{P_2 N_3 K_4}{24 \times 3600} = \frac{500 \times 80 \times 1.3}{24 \times 3600} = 0.60(\text{L/s})$

式中　P_2——生活区居民人数（取 500 人）；

　　　N_3——生活区昼夜全部生活用水定额（取 80 L/人·日）；

　　　K_4——生活区用水不均衡系数（取 1.3）。

④ 消防用水量 q_4：因为施工现场面积在 25hm^2 以内，居民区在 5000 人以内，所以

$$q_4 = 10 + 10 = 20(\text{L/s})$$

⑤ 总用水量 Q：

因为 $q_1 + q_2 + q_3 = 12.96 < q_4 = 20$，且工地面积小于 5hm^2；

所以 $Q = q_4$，再增加 10% 以补偿水管漏水损失，即：取 $Q = 1.1 \times 20 = 22(\text{L/s})$。

（2）管径的选择

$$d = \sqrt{\frac{4Q}{\pi v \times 1000}} = \sqrt{\frac{4 \times 22}{3.14 \times 1.3 \times 1000}} = 0.147(\text{m})$$

式中　v——管网中水流速度，取 $v = 1.3\text{m/s}$。

给水干管选用 150mm 管径的铸铁水管,满足现场使用要求。

（3）管线布置

从原有供水干管接进 ϕ150mm 临时供水干管,引入现场后分为两路各 ϕ100mm 管线。其中一路引入暂设泵房,作为高层消防和施工用水;另一路引入现场,作为场地消防及生产、生活用水。见施工平面布置图。

4）施工用电

（1）施工用电量计算

本工程结构施工阶段用电量最大,故按该阶段计算。

① 主要机电设备用电量:见表 4-7。

表 4-7　机电设备用电统计表

名　　称	单位	数量	单台用电量/kW	用电量/kW
QTZ80 塔式起重机	台	1	42.4	42.4
外用电梯	台	2	15	30
400L 搅拌机	台	3	11	33
电焊机	台	4	28	112
⋮				
振捣器	台	4	1.5	6
合　　计	电动机用电 $\sum P_1 = 207.8\text{kW}$		电焊机用电 $\sum P_2 = 112\text{kV}\cdot\text{A}$	

② 室内照明:5W/m^2,共计 10000m^2,

$$\sum P_3 = 5 \times 10000 = 50(\text{kW})$$

③ 室外照明:1W/m^2,共计 20000m^2,

$$\sum P_4 = 1 \times 20000 = 20(\text{kW})$$

④ 总用电量 P:

$$P = 1.05 \sim 1.1 \times \left(K_1 \frac{\sum P_1}{\cos\varphi} + K_2 \sum P_2 + K_3 \sum P_3 + K_4 \sum P_4 \right)$$

式中　$\cos\varphi$——电动机的平均功率因数(取 0.75);

K_1、K_2、K_3——分别为动力设备、电焊机、室内照明、室外照明的需要系数(K_1 取 0.5,K_2 取 0.6,K_3 取 0.8,K_4 取 1),则:

$$P = 1.05 \times \left(0.5 \times \frac{207.8}{0.75} + 0.6 \times 112 + 0.8 \times 50 + 1 \times 20 \right) = 265.5(\text{kV}\cdot\text{A})$$

（2）电源选择

甲方可提供 $560\text{kV}\cdot\text{A}$ 变压器供电,满足施工要求。

（3）场内干线选择

用电电流:$I = \dfrac{P}{\sqrt{3}U\cos\varphi} = \dfrac{265.5 \times 1000}{\sqrt{3} \times 380 \times 0.75} = 538(\text{A})$

按导线截面容许电流值,选用 185mm^2 铜芯橡皮线。

（4）布置线路

施工用电直接从甲方提供的 560kV·A 变电室接用，按施工平面图布置架设，设置分配电箱，各用电处设闸箱。

5）搭设临时用房

办公室、卫生所、工具房、仓库、水泥库、搅拌站、锅炉房、钢筋棚、木工棚、厕所等均需按平面布置搭设。

6）做好各种材料、构件、建筑配件成品及半成品的加工订货准备工作，根据生产安排，提出加工订货计划，明确进场时间。

4.6.6　主要资源计划

1. 劳动力计划

由于工期紧、工程量较大，预计用 12 万个工日，工期 18 个月，故需劳动力充足。

（1）结构施工期间，按四个混合班组，共 220 人考虑。

（2）装修施工期间，按六个混合班组，共 300 人考虑。

正常情况下，每天安排两班轮流施工，充分利用工作面，达到缩短工期的目的。

劳动力具体需要情况详见劳动力配置计划表及柱状图（略）。

2. 主要机具计划

主要施工机械及工具需用量计划表（略）。

4.6.7　施工现场平面布置

现场场地狭窄，施工用房和材料堆放场地要周转使用，各种构件、材料、成品、半成品均需分期、分批进场。工程装修阶段，可用首层作为施工班组用房和库房。

主体结构阶段的施工现场平面布置详见图 4-14。

4.6.8　施工管理计划（略）

习题

1. 单位工程施工组织设计的内容有哪些？
2. 施工部署和施工方案各包括哪些方面的内容？
3. 试述确定一般房屋建筑工程的施工展开程序应遵循的原则。
4. 确定施工顺序应考虑哪些原则？
5. 试述现浇筑框架结构办公楼、剪力墙结构住宅楼在结构阶段的施工顺序。
6. 内外装饰的流向如何安排？
7. 施工机械选择的内容及原则包括哪些？
8. 砖混住宅、单层厂房、框架教学楼的施工方法与机械选择应着重哪些内容？

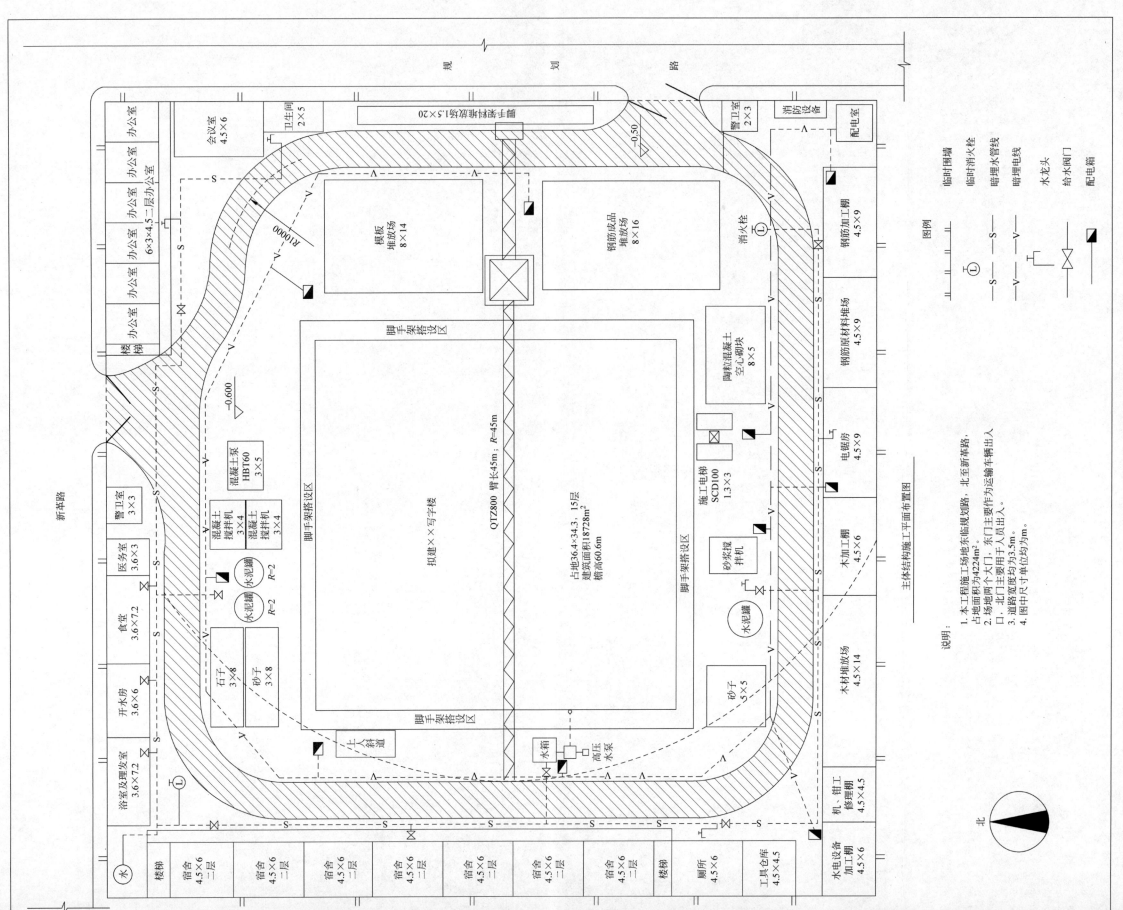

图 4-14　某办公楼结构段施工平面布置图

9. 施工进度计划的类型及形式各有哪些?

10. 编制施工进度计划的步骤有哪些? 如何调整工期?

11. 劳动力不均衡系数如何计算? 一般宜在哪个范围内?

12. 在单位工程施工组织设计中,施工准备编制的内容有哪些?

13. 资源配置计划包括哪些? 各自编制的依据和用途是什么?

14. 施工平面图设计的原则有哪些? 设计的内容、步骤如何?

15. 试述塔式起重机布置的要求。

16. 对现场道路的形状、路面宽度、转弯半径各有何要求?

17. 对现场消防设施有何要求,如何布置?

18. 现场临时水电管线应如何布置?

19. 在单位工程施工组织设计中,管理计划或措施主要制定哪几个方面?

20. 施工组织设计的技术经济性用哪些指标来评价?

第 *5* 章

施工组织总设计

本章学习要求：了解施工组织总设计的作用、编制程序和依据；熟悉施工组织总设计的内容；掌握施工部署和施工方案编制的主要内容；掌握临时用水、用电的计算方法；了解总进度计划及总平面图编制的内容与方法。

本章学习重点：施工组织总设计的内容、施工部署和施工方案的主要内容、总进度计划编制的步骤、总平面图的设计原则。

施工组织总设计是以整个建设项目或群体工程为编制对象，根据初步设计或扩大初步设计图纸及其他资料和现场施工条件而编制的，对整个建设项目进行全面规划和统筹安排，是指导全场性的施工准备工作和施工全局的纲要性技术经济文件。一般是由总承包单位或大型项目经理部的总工程师主持编制。

5.1　概述

5.1.1　任务与作用

施工组织总设计的任务，是对整个建设工程的施工过程和施工活动进行总的战略性部署，并对各单项工程（或单位工程）的施工进行指导、协调及阶段性目标控制。其主要作用包括为组织全工地性施工业务提供科学方案；为做好施工准备工作，保证资源供应提供依据；为施工单位编制生产计划和单位工程施工组织设计提供依据；为建设单位编制工程建设计划提供依据；为确定设计方案的施工可行性和经济合理性提供依据。

5.1.2　内容

施工组织总设计一般包括以下内容：

（1）编制依据；

（2）工程项目概况；

（3）施工部署及主要项目的施工方案；

（4）施工总进度计划；

（5）总体施工准备；

（6）主要资源配置计划；

（7）施工总平面布置；

（8）目标管理计划与技术经济指标。

5.1.3　编制程序

施工组织总设计的编制程序如图 5-1 所示。

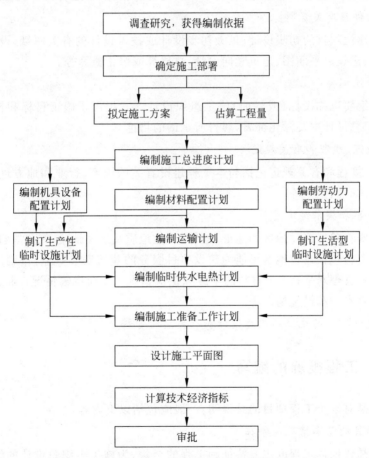

图 5-1　施工组织总设计的编制程序

该编制程序是根据施工组织总设计中各项内容的内在联系而确定的。其中,调查研究是编制施工组织总设计的准备工作,目的是获取足够的信息,为编制施工组织总设计提供依据。施工部署和施工方案是第一项重点内容,是编制施工进度计划和进行施工总平面图设计的依据。施工总进度计划是第二项重点内容,必须在编制了施工部署和施工方案之后进行,且只有编制了施工总进度计划,才具备编制其他计划的条件。施工总平面图是第三项重点内容,需依据施工方案和各种计划需求进行设计。

5.1.4　编制依据

为了保证施工组织总设计的编制工作顺利进行,且能在实施中切实发挥指导作用,编制时必须密切地结合工程实际情况。主要编制依据如下:

1. 计划文件及有关合同

主要包括国家批准的基本建设计划、可行性研究报告、工程项目一览表、分期分批施工项目和投资计划,地区主管部门的批件、施工单位上级主管部门下达的施工任务计划,招投标文件及签订的工程承包合同,工程材料和设备的订货指标,引进材料和设备供货合同等。

2. 设计文件及有关资料

主要包括建设项目的初步设计、扩大初步设计或技术设计的有关图纸、设计说明书、建筑区域平面图、建筑总平面图、建筑竖向设计、总概算或修正概算等。

3. 施工组织纲要

施工组织纲要也称投标(或标前)施工组织设计。它提出了施工目标和初步的施工部署,在施工组织总设计中要深化部署,履行所承诺的目标。

4. 现行规范、规程和有关规定

现行规范、规程和有关规定包括与本工程建设有关的国家、行业和地方现行的法律、法规、规范、规程、标准、图集等。

5. 工程勘察和技术经济资料

工程勘察资料包括建设地区的地形、地貌、工程地质及水文地质、气象等自然条件。

技术经济资料包括建设地区可能为建设项目服务的建筑安装企业,预制加工企业的人力、设备、技术和管理水平;工程材料的来源和供应情况;交通运输情况;水、电供应情况;商业和文化教育水平和设施情况等。

6. 类似建设项目的施工组织总设计和有关总结资料

5.1.5　工程概况的编写

工程概况是对整个工程项目的总说明,一般应包括以下内容:

1. 工程项目的基本情况及特征

该项内容是要描述工程的主要特征和工程的全貌,为施工组织总设计的编制及审核提供前提条件。因此,应写明以下内容:

(1) 工程名称、性质、建设地点、建设总期限;

(2) 占地总面积、建设总规模(建筑面积、管线和道路长度、生产能力)、总投资;

(3) 建安工作量、设备安装台数或吨数。应列出工程构成表和工程量汇总表,如表 5-1 所示;

（4）建设单位、承包和分包单位及其他参建单位等基本情况；

（5）工程组成及每个单项（单位）工程设计特点，新技术的复杂程度；

（6）建筑总平面图和各单项、单位工程设计交图日期以及已定的设计方案等。

表 5-1　主要建筑物和构筑物一览表

序号	单项工程名称	建筑结构特征	建筑面积/m²	占地面积/m²	层数	构筑物体积/m³	备注
1							
2							
⋮							

2．承包的范围

依据合同约定，明确总承包范围、各分包单位的承包范围。

3．建设地区特征

包括以下内容：

（1）气象、地形、地质和水文情况，场地周围环境情况。

（2）劳动力和生活设施情况：当地劳务市场情况，需在工地居住的人数，可作为临时宿舍、食堂、办公、生产用房的数量。水电暖卫设施、食品供应情况，邻近医疗单位情况，周围有无有害气体和污染企业，地方疾病情况，民族风俗习惯等。

（3）地方建筑生产企业情况。

（4）地方资源情况。

（5）交通运输条件。

（6）水、电和其他动力条件。

4．施工条件

应说明主要设备供应情况、主要材料和特殊物资供应情况、参加施工的各单位生产能力与技术与管理水平情况。

5．其他内容

如有关本建设项目的决议、合同或协议；土地征用范围、数量和居民搬迁时间；需拆迁与平整场地的要求等。

5.2　施工部署与施工方案

施工部署与施工方案是对整个建设项目通盘考虑、统筹规划后，所做出的战略性决策，明确项目施工的总体设想。它是施工组织总设计的核心，直接影响建设项目的进度、质量、成本三大目标的实现。

5.2.1　施工部署

施工部署主要内容包括明确项目的组织体系、部署原则、区域划分、进度安排、展开程序和全场性准备工作规划等。

1. 项目组织体系

项目组织体系应包含建设单位、承包和分包单位及其他参建单位,应以框图表示,明确各单位在本项目的地位及负责人,见图5-2。

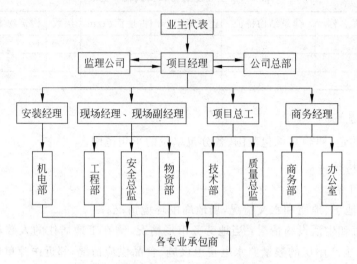

图 5-2　某建设工程项目的管理组织机构

注:人员姓名及部门负责人姓名已略去

2. 施工区域(或任务)的划分与组织安排

在明确施工项目管理体制、组织机构和管理模式的条件下,划分各参与施工单位的任务,明确总包与分包的关系,建立施工现场统一的组织领导机构及职能部门,确定综合的和专业化的施工组织,明确各单位之间分工与协作的关系,确定各分包单位分期分批的主攻项目和穿插项目。

3. 施工控制目标

在合同文件中规定或施工组织纲要中承诺的建设项目的施工总目标,单项工程的工期、成本、质量、安全、环境等目标。其中工期、成本、质量的量化目标见表5-2。

表 5-2　施工控制目标

序号	单项工程名称	建筑面积/m²	控制工期			控制成本/万元	控制质量(合格或优良等)
			工期/月	开工日期	竣工日期		
1							
2							
⋮							

4. 确定项目展开程序

根据建设项目施工总目标及总程序的要求,确定分期分批施工的合理展开程序。在确定展开程序时,应主要考虑以下几点:

（1）在满足合同工期要求的前提下，分期分批施工，既有利于保证项目的总工期，又可在全局上实现施工的连续性和均衡性，减少暂设工程数量，降低工程成本。至于分几批施工，还应根据使用功能、业主要求，工程规模，资金情况等，由甲、乙双方共同研究确定。

（2）统筹安排各类施工项目，保证重点，兼顾其他，确保按期交付使用。按照各工程项目的重要程度和复杂程度，优先安排的项目包括：

① 甲方要求先期交付使用的项目；

② 工程量大、构造复杂、施工难度大、所需工期长的项目；

③ 运输系统、动力系统，如道路、变电站等；

④ 可供施工使用的项目。

（3）一般应按先地下后地上、先深后浅、先干线后支线、先管线后筑路的原则进行安排。

（4）注意工程交工的配套，使建成的工程能迅速投入生产或交付使用，尽早发挥该部分的投资效益。

（5）避免已完工程的使用与在建工程的施工相互妨碍和干扰。

（6）注意资源供应与技术条件之间的平衡，以便合理地利用资源，促进均衡施工。

（7）注意季节的影响，将不利于某季节施工的工程提前或推后，但应保证不影响质量和工期。如大规模土方和深基坑工程要避开雨季；寒冷地区的房屋工程尽量在入冬前封闭等。

5. 主要施工准备工作的规划

主要指全现场的准备，包括思想、组织、技术、物资等准备。首先应安排好场内外运输主干道、水电源及其引入方案，其次要安排好场地平整方案、全场性排水、防洪，还应安排好生产、生活基地，做出构件的现场预制、工厂预制或采购规划。

5.2.2　主要项目施工方案的拟定

对于主要的单项或单位工程及特殊的分项工程，应在施工组织总设计中拟定施工方案，其目的是进行技术和资源的准备工作，也为工程施工的顺利开展和工程现场的合理布局提供依据。

所谓主要单项或单位工程，是指工程量大、工期长、施工难度大、对整个建设项目的完成起关键作用的建筑物或构筑物，如生产车间、高层建筑等；特殊的分项工程是指桩基、大跨结构、重型构件吊装、特殊外墙饰面工程等。

施工方案的内容包括确定施工起点流向、施工程序、主要施工方法和施工机械等。

选择大型机械应注意其可能性、适用性、经济合理性及技术先进性。可能性是指利用自有机械或通过租赁、购置等途径可以获得的机械；适用性是指机械的技术性能满足使用要求；经济合理性是指能充分发挥效率，所需费用较低；技术先进性是指性能好、功能多、能力强、安全可靠、便于保养和维修。大型机械应能进行综合流水作业，在同一个项目中应减少其装、拆、运的次数。辅机的选择应与主机配套。

选择施工方法时，应尽量扩大工业化施工范围，努力提高机械化施工程度，减轻劳动强度，提高劳动生产率，保证工程质量，降低工程成本，确保按期交工，实现安全、环保和文明施工。

5.3　施工总进度计划

　　施工总进度计划是对施工现场各项施工活动在时间上所做的安排,是施工部署在时间上的具体体现。其编制是根据施工部署等要求,合理确定每个独立交工系统及其单项工程的控制工期,合理安排它们之间的施工顺序和搭接关系而成的。其作用在于能够确定各个单项工程的施工期限以及开竣工日期,同时也为制定资源配置计划、临时设施的建设和进行现场规划布置提供依据。

5.3.1　编制原则

　　(1) 合理安排各单项工程或单位工程之间的施工顺序,优化配置劳动力、物资、施工机械等资源,保证建设工程项目在规定的工期内完工。

　　(2) 合理组织施工,保证施工的连续、均衡、有节奏,以加快施工速度,降低成本。

　　(3) 科学地安排全年各季度的施工任务,充分利用有利季节,尽量避免停工和赶工,从而在保证质量的同时节约费用。

5.3.2　编制步骤

　　1. 划分项目并计算工程量

　　根据批准的总承建任务一览表,列出工程项目一览表并分别计算各项目的工程量。由于施工总进度计划主要起控制作用,因此项目划分不宜过细,可按确定的工程项目的开展程序进行排列,应突出主要项目,一些附属的,辅助的及小型项目可以合并。

　　计算各工程项目工程量的目的,是为了正确选择施工方案和主要的施工、运输机械,初步规划各主要项目的流水施工,计算各项资源的需要量。因此,工程量只需粗略计算。可依据设计图纸及相关定额手册,分单位工程计算主要实物量。将计算所得的各项工程量填入工程量总表及总进度计划表中(见表 5-3)。

表 5-3　施工总(综合)进度计划

序号	单项工程名称	土建工程指标		设备安装指标		造价/万元			进度计划							
		单位	数量	单位	数量	合计	建设工程	设备安装	××年				××年			
									I	II	III	IV	I	II	III	IV
1																
2																
⋮																
资源动态图	施工总进度计划的技术经济指标分析:															

　　注:进度线应将土建工程、设备安装工程等以不同线条表示。

2．确定各单位工程的施工期限

工程施工期限的确定,要考虑工程类型、结构特征、装修装饰的等级、工程复杂程度、施工管理水平、施工方法、机械化程度、施工现场条件与环境等因素。但工期应控制在合同工期以内,无合同工期的工程,应按工期定额或类似工程的经验确定。

3．确定各单位工程的开竣工时间和相互搭接关系

根据建设项目总工期、总的展开程序和各单位工程的施工期限,即可进一步安排各施工项目的开竣工时间和相互搭接关系。安排时应注意以下要求:

1) 保证重点,兼顾一般

在安排进度时,同一时期施工的项目不宜过多,以避免人力、物力过于分散。因此要分清主次,抓住重点。对工程量大、工期长、质量要求高、施工难度大的单位工程,或对其他工程施工影响大,对整个建设项目的顺利完成起关键性作用的工程应优先安排。

2) 尽量组织连续、均衡地施工

安排施工进度时,应尽量使各工种施工人员,施工机具在全工地内连续施工,尽量实现劳动力、材料和施工机具的消耗量均衡,以利于劳动力的调度、原材料供应和临时设施的充分利用。为此,应尽可能在工程项目之间组织"群体工程流水",即在具有相同特征的建筑物或主要工种工程之间组织流水施工,从而实现人力、材料和施工机具的综合平衡。此外,还应留出一些附属项目或零星项目作为调节项目,穿插在主要项目的流水施工中,以增强施工的连续性和均衡性。

3) 满足生产工艺要求

对工业项目要以配套投产为目标,区分各项目的轻重缓急。把工艺调试在前的、占用工期较长的、工程难度较大的排在前面。

4) 考虑经济效益,减少贷款利息

从货币时间价值观念出发,尽可能将投资额少的工程安排在最初年度内施工,而将投资额大的安排在最后,以减少投资贷款的利息。

5) 考虑个体施工对总图施工的影响

安排施工进度时,要保证工程项目的室外管线、道路、绿化等其他配套设施能连续、及时地进行。因此,必须恰当安排各个建筑物、构筑物单位工程的起止时间,以便及时拆除施工机械设备、清理室外场地、清除临时设施,为总图施工创造条件。

6) 全面考虑各种条件的限制

安排施工进度时,还应考虑各种客观条件的限制。如施工企业的施工力量、各种原材料及机具设备的供应情况、设计单位提供图纸的时间、建设单位的资金投入与保证情况、季节环境情况等。

4．编制可行施工总进度计划

可行施工总进度计划可以用横道图或网络图形式表达。由于在工程实施过程中情况复杂多变,施工总进度计划只能起到控制性作用,故不必过细,否则不便于优化。

编制时,应尽量安排全工地性的流水作业。安排时应以工程量大、工期长的单项工程或单位工程为主导,组织若干条流水线,并以此带动其他工程。

施工总(综合)进度计划表形式见表 5-3。

5. 编制正式施工总进度计划

可行施工总进度计划绘制完成后,应对其进行检查。包括是否满足总工期及起止时间的要求,各施工项目的搭接是否合理,资源需要量动态曲线是否较为均衡。

如发现问题应进行优化。主要方法是改变某些工程的起止时间或调整主导工程的工期。如果是利用计算机程序编制计划,还可分别进行工期优化、费用优化及资源优化。经调整符合要求后,编制正式的总进度计划。某研究院工程施工网络计划见图 5-3。

5.4　资源配置计划与总体施工准备

资源配置计划的编制需依据施工部署和施工总进度计划,重点确定劳动力及材料、构配件、加工品及施工机具等主要物资的需要量和时间,以便组织供应、保证施工总进度计划的实现;同时也为场地布置及临时设施的规划提供依据。

5.4.1　劳动力配置计划

劳动力配置计划是确定暂设工程规模和组织劳动力进场的依据。其是根据工程量汇总表、施工准备工作计划、施工总进度计划、概(预)算定额和有关经验资料,分别确定出每个单项工程专业工种的劳动量工日数、工人数和进场时间,然后逐项按月或季度汇总,从而得出整个建设项目劳动力配置计划(如表 5-4 所示),并在表下绘制出劳动力动态曲线柱状图。

表 5-4　劳动力配置计划

序号	单项工程名称	工种名称	劳动量/工日	需要量/人														
				20××年										20××年				
				3	4	5	6	7	8	9	10	11	12	1	2	3	4	…
1																		
⋮																		
合计																		

注:工种名称除生产工人外,应包括附属、辅助用工(如运输、构件加工、材料保管等)以及服务和管理用工。

5.4.2　物资配置计划

1. 主要材料和预制品配置计划

主要材料和预制品配置计划是组织材料和预制品加工、订货、运输、确定堆场和仓库的依据,是根据施工图纸、工程量、消耗定额和施工总进度计划而编制的。

根据各工种工程量汇总表所列各建筑物主要施工项目的工程量,查相关定额或指标,便可得出所需的材料、构(配)件和半成品的需要量。然后根据总进度计划表,大致估算出某些主要材料在某季度某月的需要量,从而编制出材料、构(配)件和半成品的配置计划,如表 5-5 所示。

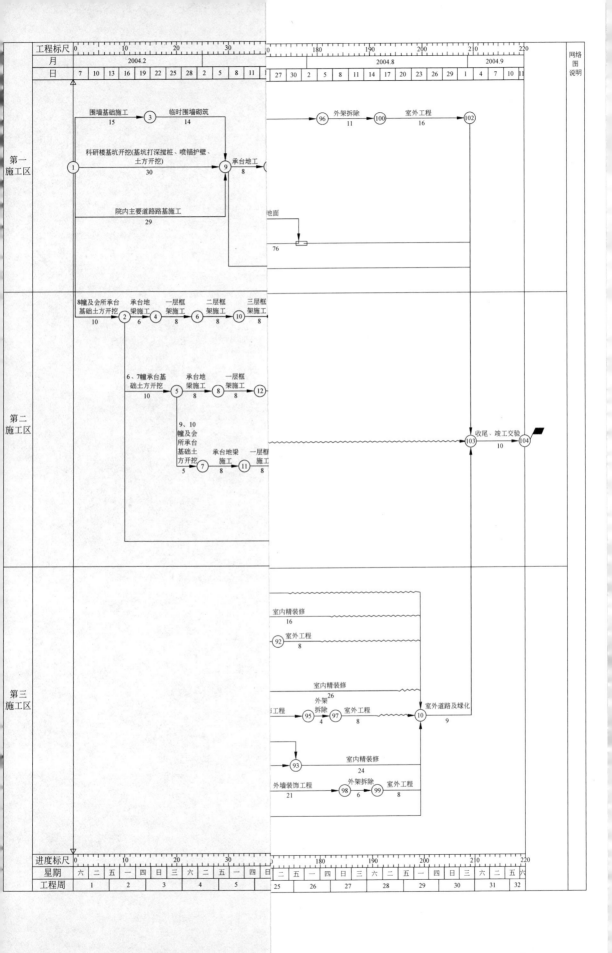

表 5-5　主要材料和预制品配置计划

序号	单项工程名称	材料和预制品					需　要　量										
		编号	品名	规格	单位	总量	20××年							20××年			
							6	7	8	9	10	11	12	1	2	3	4	…
1	1♯教学楼																
⋮	⋮																
	合　计																

注：1. 主要材料可按型钢、钢板、钢筋、管材、水泥、木材、砖、砌块、砂、石、防水卷材等分别列表。

　　2. 需要量按月或季度编制。

2. 主要施工机具和设备配置计划

该计划是组织机具供应、计算配电线路及选择变压器、进行场地布置的依据。主要施工机具可根据施工总进度计划及主要项目的施工方案和工程量，套定额或按经验确定。根据施工部署、施工方案、施工总进度计划、主要工种工程量和机械台班产量定额而确定；运输机具的需要量根据运输量计算。上述汇总结果可参照表 5-6。

表 5-6　施工机具和设备配置计划

序号	单项工程名称	施工机具和设备					需　要　量								
		编码	名称	型号	单位	电功率	20××年					20××年			
							8	9	10	11	12	1	2	3	…
1															
⋮															
	合　计														

注：1. 机具、设备名称可按土方、钢筋混凝土、起重、金属加工、运输、木加工、动力、测试、脚手架等分类填写。

　　2. 需要量按月或季度编制。

3. 大型临时设施计划

大型临时设施计划应本着尽量利用已有或拟建工程的原则，按照施工部署、施工方案、各种配置计划，并根据业务量和临时设施计算结果进行编制。计划表形式见表 5-7。

表 5-7　大型临时设施计划

序号	项目名称	需要量		利用现有建筑	利用拟建永久工程	新建	单价/（元/m²）	造价/万元	占地/m²	修建时间
		单位	数量							
1										
⋮										
	合计									

注：项目名称包括生产、生活用房，临时道路，临时用水、用电和供热系统等。

5.4.3 总体施工准备

总体施工准备包括技术准备、现场准备和资金准备，主要内容包括：

(1) 土地征用、居民拆迁和现场障碍拆除工作；

(2) 确定场内外运输及施工用干道，水、电来源及其引入方案；

(3) 制定场地平整及全场性排水、防洪方案；

(4) 安排好生产和生活基地建设，包括混凝土集中搅拌站，预制构件厂，钢筋、木材加工厂，机修厂及职工生活福利设施等；

(5) 落实材料、加工品、构配件的货源和运输储存方式；

(6) 按照建筑总平面图要求，做好现场控制网测量工作；

(7) 组织新结构、新材料、新技术、新工艺的试制、试验和人员培训；

(8) 编制各单位工程施工组织设计和研究制定施工技术措施等。

应根据施工部署与施工方案、资源计划及临时设施计划编制准备工作计划表。其表格形式如表 5-8 所示。

表 5-8　主要施工准备工作计划表

序号	准备工作名称	准备工作内容	主办单位	协办单位	完成日期	负责人
1						
2						
⋮						

5.5　全场性暂设工程

在工程项目正式开工之前，要按照施工准备工作计划的要求，建造相应的暂设工程，以满足施工需要，为工程项目创造良好的施工环境。暂设工程的类型及规模因工程而异，主要有工地加工厂组织、工地仓库组织、工地运输组织、办公及福利设施组织、工地供水和供电组织。

5.5.1 临时加工厂及作业棚

加工厂及作业棚属生产性临时设施。包括混凝土及砂浆搅拌站、混凝土构件预制场、木材加工厂、钢筋加工厂、金属结构加工厂等，木工作业棚、电锯房、钢筋作业棚、锅炉房、发电机房、水泵房等现场作业棚房，各种机械存放场所。所有这些设施的建筑面积主要取决于设备尺寸、工艺过程、安全防火等要求，通常可参考有关经验指标等资料确定。

对于钢筋混凝土构件预制厂、锯木车间、模板、细木加工车间、钢筋加工棚等，其建筑面积可按下式计算：

$$F = \frac{KQ}{TS\alpha} \tag{5-1}$$

式中　F——所需建筑面积，m^2；

　　　K——不均衡系数，取 $1.3 \sim 1.5$；

　　　Q——加工总量；

　　　T——加工总时间，月；

　　　S——每平方米场地月平均加工量定额；

　　　α——场地或建筑面积利用系数，取 $0.6 \sim 0.7$。

常用的各种临时加工厂的面积可参考建筑施工手册中的相应指标。

5.5.2　临时仓库与堆场

仓库有各种类型。其中"转运仓库"是设置在火车站、码头和专用卸货场的仓库；"中心仓库"（或称总仓库）是储存整个工地（或区域型建筑企业）所需物资的仓库，通常设在现场附近或区域中心；"现场仓库"就近设置；"加工厂仓库"是专供本厂储存物资的仓库。以下主要介绍中心仓库和现场仓库。

1. 确定储备量

材料储备既要确保施工的正常需要，又要避免过多积压，减少仓库面积和投资，减少管理费用和占压资金。通常的储备量是以合理储备天数来确定，同时考虑现场条件、供应与运输条件以及材料本身的特点。材料的总储备量一般不少于该种材料总用量的 $20\% \sim 30\%$。

（1）建筑群的材料储备量按下式计算：

$$q_1 = K_1 Q_1 \tag{5-2}$$

式中　q_1——总储备量；

　　　K_1——储备系数，型钢、木材、用量小或不常使用的材料取 $0.3 \sim 0.4$，用量多的材料取 $0.2 \sim 0.3$；

　　　Q_1——该项材料的最高年、季需要量。

（2）单位工程材料储备量按下式计算：

$$q_2 = \frac{nQ}{T} \tag{5-3}$$

式中　q_2——现场材料储备量；

　　　n——储备天数；

　　　Q——计划期内材料、半成品和制品的总需要量；

　　　T——需要该项材料的施工天数，大于 n。

2. 确定仓库或堆场面积

按材料储备期可用下式计算：

$$F = \frac{q}{P} \tag{5-4}$$

式中　F——仓库或堆场面积，m^2（包括通道面积）；

　　　q——材料储备量（q_1 或 q_2）；

P——每平方米能存放的材料、半成品和制品的数量,见表 5-9。

表 5-9　部分材料储存参考数据表

序号	材 料 名 称	单位	储备天数 n	1m² 储存量 P	堆置高度 m	仓 库 类 型
1	工字钢、槽钢	t	40~50	0.8~0.9	0.5	露天
2	电线电缆	t	40~50	0.3	2.0	库或棚
3	木材	m³	40~50	0.8	2.0	露天
4	原木	m³	40~50	0.9	2.0	露天
5	成材	m³	30~40	0.7	3.0	露天
6	水泥	t	30~40	1.4	1.5	库
7	生石灰(袋装)	t	10~20	1~1.3	1.5	棚
8	砂、石子(人工堆置)	m³	10~30	1.2	1.5	棚
9	砂、石子(机械堆置)	m³	10~30	2.4	3.0	露天
10	混凝土砌块	m³	10~30	1.4	1.5	露天
11	砖	m³	10~30	1.4	1.5	露天
12	黏土瓦、水泥瓦	千块	10~30	0.25	1.5	棚
13	水泥混凝土管	m³	20~30	0.5	1.5	露天
14	防水卷材	卷	20~30	15~24	2.0	库
15	钢筋骨架	t	3~7	0.12~0.18	—	露天
16	金属结构	t	3~7	0.16~0.24	—	露天
17	钢门窗	t	10~20	0.65	2	棚
18	模板	m³	3~7	0.7	—	露天
19	轻质混凝土制品	m³	3~7	1.1	2	露天
20	水、电及卫生设备	t	20~30	0.35	1	棚、库各约占 1/4

注:储备天数根据材料特点及来源、供应季节、运输条件等确定。一般现场加工的成品、半成品或就地供应的材料取表中的低值,外地供应及铁路运输或水运取表中的高值。

5.5.3　运输道路

工地运输道路应尽量利用永久性道路,或先修筑永久性道路路基并铺设简易路面。主要道路应布置成环形、"U"形,次要道路可布置成单行线,但应有回车场。现场临时道路的技术要求及路面的种类和厚度见表 5-10、表 5-11。

表 5-10　简易道路的技术要求

指 标 名 称	单 位	技 术 标 准
设计车速	km/h	≤20
路基宽度	m	双车道 6.5~7,单车道 4.5~5;困难地段 3.5
路面宽度	m	双车道 6~6.5,单车道 3.5~4
平面曲线最小半径	m	平原、丘陵地区 20,山区 15,回头弯道 12
最大纵坡	%	平原地区 6,丘陵地区 8,山区 11
纵坡最短长度	m	平原地区 100,山区 50
桥面宽度	m	4~4.5
桥涵载重等级	t	1.3 倍车载总重

表 5-11　临时道路的路面种类和厚度

序号	路面种类	特点及其使用条件	路基土壤	路面厚度/cm	材料配合比
1	混凝土路面	雨天照常通车,可通行较多车辆,强度高,不扬尘,造价高	一般土	15~20	强度等级:不低于C20
2	级配砾石路面	雨天照常通车,可通行较多车辆,但材料级配要求严格	砂质土	10~15	黏土:砂:石子=1:0.7:3.5
			黏质土或粉土	14~18	
3	碎(砾)石路面	雨天照常通车,碎(砾)石本身含土较多,不加砂	砂质土	10~18	碎(砾)石>65%,当地土<35%
			砂质土或粉土	15~20	
4	炉渣或矿渣路面	可维持雨天通车,通行车辆较少,当附近有此项材料可利用时	一般土	10~15	炉渣或矿渣75%,当地土25%
			较松软时	15~30	
5	风化石屑路面	雨天不通车,通行车辆较少,附近有石屑可利用时	一般土	10~15	石屑90%,黏土10%

5.5.4　办公及福利设施组织

1. 办公及福利设施类型

(1) 行政管理和生产用房。包括工地办公室、传达室、消防、车库及各类行政管理用房和辅助性修理车间等。

(2) 居住生活用房。必要时包括家属宿舍,职工单身宿舍、食堂、医务室、招待所、小卖部、浴室、理发室、开水房、厕所等。

(3) 文化生活用房。包括俱乐部、图书室、邮亭、广播室等。

2. 办公、生活及福利临时设施的规划

1) 确定工地人数

(1) 直接参加施工生产的工人,也包括机械维修、运输、仓库及动力设施管理人员等;

(2) 行政及技术管理人员;

(3) 为工地上居民生活服务的人员;

(4) 以上各项人员的家属。

上述人员的比例,可按国家有关规定或工程实际情况计算。

2) 确定办公、生活及福利设施建筑面积

工地人数确定后,就可按实际经验或面积指标计算出所需建筑面积。计算公式如下:

$$S = NP \tag{5-5}$$

式中　S——建筑面积,m^2;

　　　N——人数;

　　　P——建筑面积指标,详见表 5-12。

所需要的各种生活、办公房屋,应尽量利用施工现场及其附近的永久性建筑物,不足的部分修建临时建筑物。

3) 临时房屋的形式及尺寸

临时建筑物修建时,应遵循经济,适用、装拆方便的原则,按照当地的气候条件、工期长短、本单位的现有条件以及现场暂设的有关规定确定结构类型和形式。

表 5-12　行政、生活福利临时设施建筑面积参考指标

序号	临时房屋名称		单位	参考指标	指标使用方法
1	办公室		m²/人	3～4	按使用人数
2	宿舍	双层床	m²/人	2.0～2.5	(扣除不在工地住人数)
		单层床	m²/人	3.5～4.0	(扣除不在工地住人数)
		家属宿舍	m²/人	16～25	视工期长短、距基地远近,取 0～30%
3	食堂		m²/人	0.5～0.8	按高峰就餐人数
4	食堂兼礼堂		m²/人	0.6～0.9	按高峰年平均人数
5	其他	其他合计	m²/人	0.5～0.6	按高峰年平均人数
		医务所	m²/人	0.05～0.07	按高峰年平均人数,不小于 30m²
		浴室	m²/人	0.07～0.1	按高峰年平均人数
		理发室	m²/人	0.01～0.03	按高峰年平均人数
		俱乐部	m²/人	0.1	按高峰年平均人数
		小卖部	m²/人	0.03	按高峰年平均人数,不小于 40m²
		招待所	m²/人	0.06	按高峰年平均人数
		托儿所	m²/人	0.03～0.06	按高峰年平均人数
		其他公用	m²/人	0.05～0.10	按高峰年平均人数
6	小型设施	开水房	m²	10～40	
		厕所	m²/人	0.02～0.07	按工地平均人数
		工人休息室	m²/人	0.15	按工地平均人数
		自行车棚	m²/人	0.8～1.0	按骑车上班人数

临时房屋的形式主要分为活动式和固定式。活动式房屋搭设快捷,移动运输方便,可重复利用。其中彩钢夹心板活动房屋使用更为广泛,其外观整洁,有较好的保温、防火性能,可建 1～3 层,能节约场地。一般房屋净高 2.6m 以上,进深 3.3～5.7m,开间 3.3～3.6m,可多开间连通使用。固定式临时房屋常采用砖木、砖混结构,常用尺寸及布置要求见表 5-13。

表 5-13　常用固定式临时房屋主要尺寸

序号	房屋用途	跨度/m	开间/m	檐高/m	布置说明
1	办公室	4～5	3～4	2.5～3.0	窗口面积,约为地面的 1/8
2	宿舍	5～6	3～4	2.5～3.0	床板距地 0.4～0.5m,过道 1.2～1.5m
3	工作间、机械房、材料库	6～8	3～4	按具体情况定	
4	食堂兼礼堂	10～15	4	4.0～4.5	剧台进深,约 10m,须设足够的出入口
5	工作棚、停车棚	8～10	4	按具体情况定	
6	工地医务室	4～6	3～4	2.5～3.0	

5.5.5　工地供水组织

工地临时供水的类型主要包括生产用水、生活用水和消防用水 3 种。生产用水包括工程施工用水和施工机械用水;生活用水包括施工现场生活用水和生活区生活用水。

1. 确定用水量

1) 工程施工用水量

$$q_1 = K_1 \sum \frac{Q_1 N_1}{T_1 b} \times \frac{K_2}{8 \times 3600} \tag{5-6}$$

式中　q_1——施工工程用水量，L/s；

K_1——未预见的施工用水系数（1.05～1.15）；

Q_1——年（季）度工程量（以实物计量单位表示）；

N_1——施工用水定额，见表 5-14；

T_1——年（季）度有效工作日，天；

b——每天工作班次；

K_2——用水不均衡系数，见表 5-15。

表 5-14　施工用水（N_1）参考定额

序号	用水对象	单位	耗水量	序号	用水对象	单位	耗水量
1	浇混凝土全部用水	L/m³	1700～2400	11	浇砖湿润	L/m³	130～170
2	搅拌普通混凝土	L/m³	250	12	搅拌砂浆	L/m³	300
3	搅拌轻质混凝土	L/m³	300～350	13	浇硅酸盐砌块	L/m³	300～350
4	搅拌热混凝土	L/m³	300～350	14	砌筑石材全部用水	L/m³	50～80
5	混凝土自然养护	L/m³	200～400	15	墙面抹灰全部用水	L/m²	30
6	冲洗模板	L/m²	5	16	楼地面垫层及抹灰	L/m²	190
7	搅拌机清洗	L/(台·班)	600	17	现制水磨石	L/m²	300
8	冲洗石子	L/m³	800	18	墙面石材（灌浆法）	L/m²	15
9	洗砂	L/m³	1000	19	墙面瓷砖	L/m²	20
10	砌砖工程全部用水	L/m³	150～250	20	素土路面、路基	L/m²	0.2～0.3

表 5-15　用水不均衡系数

符号	用水类型	不均衡系数
K_2	施工工程用水	1.5
	生产企业用水	1.25
K_3	施工机械、运输机械用水	2.0
K_4	施工现场生活用水	1.3～1.5
K_5	生活区生活用水	2.0～2.5

2) 施工机械用水量

$$q_2 = K_1 \sum Q_2 N_2 \times \frac{K_3}{8 \times 3600} \tag{5-7}$$

式中　q_2——施工机械用水量，L/s；

K_1——未预见的施工用水系数（1.05～1.15）；

Q_2——同种机械台数，台；

N_2——施工机械用水定额；

K_3——施工机械用水不均衡系数，见表 5-15。

3）施工现场生活用水量

$$q_3 = \frac{P_1 N_3 K_4}{b \times 8 \times 3600} \qquad (5-8)$$

式中　q_3——施工现场生活用水量，L/s；

　　　P_1——施工现场高峰期生活人数；

　　　N_3——施工现场生活用水定额，视当地气候、工程而定，见表5-16；

　　　K_4——施工现场生活用水不均衡系数，见表5-15；

　　　b——每天工作班次。

表 5-16　生活用水（N_3、N_4）参考定额

序号	用 水 对 象	单 位	耗 水 量
1	工地全部生活用水	L/（人·日）	100～120
2	生活用水（盥洗、饮用）	L/（人·日）	25～30
3	食堂	L/（人·日）	15～20
4	浴室（淋浴）	L/（人·次）	50
5	洗衣	L/（人·日）	30～35
6	理发室	L/（人·次）	15
7	医院	L/（病床·日）	100～150

4）生活区生活用水量

$$q_4 = \frac{P_2 N_4 K_5}{24 \times 3600} \qquad (5-9)$$

式中　q_4——生活区生活用水量，L/s；

　　　P_2——生活区居民人数，人；

　　　N_4——生活区昼夜全部用水定额，见表5-16；

　　　K_5——生活区用水不均衡系数，见表5-15。

5）消防用水量

消防用水量 q_5 见表5-17。

表 5-17　消防用水量

序号	用水部位	用水项目	按火灾同时发生次数计	耗水流量/（L·s⁻¹）
1	居住区	5000 人以内	一次	10
		10000 人以内	二次	10～15
		25000 人以内	二次	15～20
2	施工现场	25hm² 以内	二次	10～15
		每增加 25hm² 递增		5

6）总用水量 Q

（1）当（$q_1+q_2+q_3+q_4$）<q_5 时，则 $Q=q_5+（q_1+q_2+q_3+q_4）/2$；

（2）当（$q_1+q_2+q_3+q_4$）>q_5 时，则 $Q=q_1+q_2+q_3+q_4$；

（3）当（$q_1+q_2+q_3+q_4$）<q_5，且工地面积小于 5hm² 时，则 $Q=q_5$。

最后计算的总用水量，还应增加 10%，以补偿不可避免的水管渗漏损失。

2．选择水源

工地临时供水的水源，有供水管道和天然水源两种。应尽可能利用现有永久性供水设施或现场附近已有供水管道，若无供水管道或供水量难以满足使用要求时，方考虑使用江、河、水库、泉水、井水等天然水源。选择水源时应注意以下因素：

（1）水量充足可靠；

（2）生活饮用水、生产用水的水质应符合要求；

（3）尽量与农业、水资源综合利用；

（4）取水、输水、净水设施要安全、可靠、经济；

（5）施工、运转、管理和维护方便。

3．确定供水系统

在没有市政管网供水的情况下，需设置临时供水系统。临时供水系统由取水设施、贮水构筑物（水塔及蓄水池）、输水管和配水管线综合而成。

1）确定取水设施

取水设施一般由进水装置、进水管和水泵组成。取水口距河底（或井底）一般不小于0.5m。给水工程所用水泵有离心泵、潜水泵等。所选用的水泵应具有足够的抽水能力和扬程。

2）确定贮水构筑物

贮水构筑物一般有水池、水塔或水箱。临时供水时，若水泵房不能连续抽水，则需设置贮水构筑物。其容量以每小时消防用水决定，但不得少于 $10\sim20m^3$。贮水构筑物（水塔）的高度应按供水范围、供水对象位置及水塔本身的位置来确定。

3）确定供水管径

在计算出工地的总用水量后，可按下式计算供水管径：

$$d = \sqrt{\frac{4Q \times 1000}{\pi v}} \tag{5-10}$$

式中　d——配水管内径，mm；

　　　Q——总用水量，L/s；

　　　v——管网中水的流速，m/s，见表 5-18。

表 5-18　临时水管经济流速表

项次	管　径	流速/（m/s）	
		正常时间	消防时间
1	支管 $d<100mm$	2	
2	生产消防管道 $d=100\sim300mm$	1.3	>3.0
3	生产消防管道 $d>300mm$	$1.5\sim1.7$	2.5
4	生产用水管道 $d>300mm$	$1.5\sim2.5$	3.0

4）选择管材

临时给水管道材料应根据管道尺寸和压力进行选择，一般干管为钢管或铸铁管，支管为钢管。

5.5.6　工地供电组织

工地临时供电组织包括计算用电总量,选择电源,确定变压器,确定导线截面面积,布置配电线路和配电箱。

1. 工地总用电量计算

施工现场用电量大体上可分为动力用电和照明用电两类。在计算用电量时,应考虑全工地使用的电力机械设备、工具和照明的用电功率;施工总进度计划中,施工高峰期同时用电数量;各种电力机械的情况。总用电量可按下式计算:

$$P = 1.05 \sim 1.1 \times \left(K_1 \frac{\sum P_1}{\cos\varphi} + K_2 \sum P_2 + K_3 \sum P_3 + K_4 \sum P_4 \right) \tag{5-11}$$

式中　P——供电设备总需要容量,kV·A;

　　　P_1——电动机额定功率,kW;

　　　P_2——电焊机额定容量,kV·A;

　　　P_3——室内照明容量,kW;

　　　P_4——室外照明容量,kW;

　　　$\cos\varphi$——电动机的平均功率因数(施工现场最高为 $0.75 \sim 0.78$,一般为 $0.65 \sim 0.75$);

　　　K_1、K_2、K_3、K_4——需要系数,见表 5-19。

表 5-19　需要系数 K

用 电 名 称	数量	需 要 系 数	
		K	数值
电动机	3～10 台	K_1	0.7
	11～30 台		0.6
	30 台以上		0.5
加工厂动力设备			0.5
电焊机	3～10 台	K_2	0.6
	10 台以上		0.5
室内照明		K_3	0.8
室外照明		K_4	1.0

如施工中需用电热时,应将其用电量计入总量。单班施工时,最大用电负荷量以动力用电量为准,不考虑照明用电。

各种机械设备以及室外照明用电可参考有关定额。

2. 选择电源

选择临时供电电源,通常有以下几种方案:

(1) 完全由工地附近的电力系统供电,包括在全面开工之前将永久性供电外线工程完成,设置临时变电站。

(2) 先将工程项目的永久性变配电室建成,直接为施工供应电能。

(3) 工地附近的电力系统能供应一部分,工地需增设临时电站以补充不足。

（4）利用附近的高压电网，申请临时加设配电变压器。

（5）工地处于新开发地区，还没有电力系统时，完全由自备临时电站供给。

在制定方案时，应根据工程实际情况，经过分析比较后确定。

3. 确定变压器

现场所需变压器的功率可由下式计算：

$$P = K \frac{\sum P_{\max}}{\cos \varphi} \tag{5-12}$$

式中　P——变压器输出功率，$kV \cdot A$；

K——功率损失系数，取 1.05；

$\sum P_{\max}$——各施工区最大计算负荷，kW；

$\cos \varphi$——功率因数。

根据计算所得容量，选用足够功率的变压器。

4. 确定配电导线截面积

配电导线要正常工作，必须具有足够的机械强度，能够耐受电流通过所产生的温升、电压损失在允许范围内。因此，选择配电导线有以下三种方法：

1）按机械强度确定

导线必须具有足够的机械强度，以防止受拉或机械损伤而折断。在不同敷设方式下，按机械强度要求的导线最小截面可参考有关资料。

2）按允许电流选择

导线必须能承受负荷电流长时间通过所引起的温升。

（1）三相五线制线路上的电流可按下式计算：

$$I = \frac{P}{\sqrt{3} V \cos \varphi} \tag{5-13}$$

（2）二线制线路可按下式计算：

$$I = \frac{P}{V \cos \varphi} \tag{5-14}$$

式中　I——电流值，A；

P——功率，W；

V——电压，V；

$\cos \varphi$——功率因数，临时电网取 0.7～0.75。

考虑导线的容许温升，各类导线在不同的敷设条件下具有不同的持续容许电流值。在选择导线时，电流不能超过该值。

3）按容许电压降确定

为了使导线引起的电压降控制在一定限度内，配电导线的截面可用下式确定：

$$S = \frac{\sum PL}{C\varepsilon} \tag{5-15}$$

式中　S——导线断面积，mm^2；

P——负荷电功率或线路输送的电功率，kW；

L——送电路的距离，m；

C——系数，视导线材料，送电电压及配电方式而定；

ε——容许的相对电压降（即线路的电压损失百分比），照明电路中容许电压降不应超过 $2.5\% \sim 5\%$。

选择导线截面时应同时满足上述三项要求，即以求得的三个截面面积中最大者为准，从导线的产品目录中选用线芯。通常先根据负荷电流的大小选择导线截面，然后再以机械强度和允许电压降进行复核。

5.6　施工总平面布置

施工总平面布置是按照施工部署、施工方案和施工总进度计划及资源需用量计划的要求，将施工现场作出合理的规划与布置，用总平面图表示。其作用是正确处理全工地施工期间所需各项设施和永久建筑与拟建工程之间的空间关系，以指导现场实现有组织、有秩序和文明施工。

5.6.1　设计的内容

1. 永久性设施

包括整个建设项目已有的建筑物和构筑物、其他设施及拟建工程的位置和尺寸。

2. 临时性设施

已有和拟建为全工地施工服务的临时设施的布置，包括：

（1）场地临时围墙，施工用的各种道路；

（2）加工厂、制备站及主要机械的位置；

（3）各种材料、半成品、构配件的仓库和主要堆场；

（4）行政管理用房、宿舍、食堂、文化生活福利等用房；

（5）水源、电源、动力设施、临时给排水管线、供电线路及设施；

（6）机械站、车库位置；

（7）一切安全、消防设施。

3. 其他

包括永久性测量放线标桩的位置，必要的图例、方向标志、比例尺等。

5.6.2　设计的依据

（1）建筑总平面图、地形图、区域规划图和建设项目区域内已有的各种设施位置；

（2）建设地区的自然条件和技术经济条件；

（3）建设项目的工程概况、施工部署与施工方案、施工总进度计划及各种资源配置计划；

(4) 各种现场加工、材料堆放、仓库及其他临时设施的数量及面积尺寸；

(5) 现场管理及安全用电等方面的有关文件和规范、规程等。

5.6.3　设计的原则

(1) 执行各种有关法律、法规、标准、规范与政策；

(2) 尽量减少施工占地，使整体布局紧凑、合理；

(3) 合理组织运输，保证运输方便、道路畅通，减少运输费用；

(4) 合理划分施工区域和存放场地，减少各工程之间和各专业工种之间的相互干扰；

(5) 充分利用各种永久性建筑物、构筑物和已有设施为施工服务，降低临时设施的费用；

(6) 生产区与生活区适当分开，各种生产、生活设施应便于使用；

(7) 应满足环境保护、劳动保护、安全防火及文明施工等要求。

5.6.4　设计的步骤和要求

1. 绘出整个施工场地范围及基本条件

包括场地的围墙和已有的建筑物、道路、构筑物以及其他设施的位置和尺寸。

2. 布置新的临时设施及堆场

1) 场外交通的引入

设计施工总平面图时，首先应研究确定大宗材料、成品、半成品、设备等进入工地的运输方式。

(1) 铁路运输

一般大型工业企业，厂区内都设有永久性铁路专用线，通常提前修建，以便为工程施工服务。但由于铁路的引入将严重影响场内施工的运输和安全，因此，引入点宜在靠近工地的一侧或两侧。

(2) 水路运输

当大量物资由水路运入时，应首先考虑原有码头的运用和是否增设专用码头问题。要充分利用原有码头的吞吐能力；当需增设码头时，卸货码头不应少于两个，且宽度应大于2.5m，一般用石或钢筋混凝土结构建造。

(3) 公路运输

当大量物资由公路运入时，一般先将仓库、加工厂等生产性临时设施布置在最经济合理的地方，然后再布置通向场外的公路线。

2) 仓库与材料堆场的布置

通常考虑设置在运输方便、位置适中、运距较短并且安全防火的地方，并应区别不同材料、设备和运输方式来设置。

(1) 当采用铁路运输时，仓库通常沿铁路线布置，并且要留有足够的装卸前线。

(2) 当采用水路运输时，一般应在码头附近设置转运仓库，以缩短船只在码头上的停留时间。

　　(3) 当采用公路运输时,仓库的布置较灵活。一般中心仓库布置在工地中央或靠近使用地点,也可以布置在工地入口处。大宗材料的堆场和仓库,可布置在相应的搅拌站、加工场或预制场地附近。砖、瓦、砌块和预制构件等直接使用的材料应布置在施工对象附近,以免二次搬运。

　　3) 加工厂布置

　　各种加工厂布置,应以方便使用、安全防火、运输费用最少、不影响建筑安装工程正常施工为原则。一般应将加工厂集中布置在工地边缘,且与相应的仓库或材料堆场靠近。

　　(1) 混凝土搅拌站。当现浇混凝土量大时,宜在工地设置集中搅拌站;当运输条件较差时,以分散搅拌为宜。

　　(2) 预制加工厂。一般设置在建设单位的空闲地带上,如材料堆场专用线转弯的扇形地带或场外临近处。

　　(3) 钢筋加工厂。当需进行大量的机械加工时,宜设置中心加工厂,其位置应靠近预件构件加工厂;对于小型构件和简单的钢筋加工,可在靠近使用地点布置钢筋加工棚。

　　(4) 木材加工厂。要视加工量、加工性质和种类,决定是设置集中加工场还是分散的加工棚。一般原木、锯材堆场布置在铁路、公路或水路沿线附近,木材加工场亦应设置在这些地段附近;锯木、成材、细木加工和成品堆放,应按工艺流程布置,并应设置在施工区的下风向边缘。

　　(5) 金属结构、锻工、电焊和机修等车间。由于生产上联系密切,应尽可能布置在一起。

　　4) 布置内部运输道路

　　根据各加工厂、仓库及各施工对象的相对位置,研究货物转运图,区分主、次道路,进行道路的规划。规划时应考虑以下几点:

　　(1) 合理规划,节约费用。在规划临时道路时,应充分利用拟建的永久性道路,提前建成或者先修路基和简易路面,作为施工所需的道路,以达到节约投资的目的。若地下管网的图纸尚未出全,则应在无管网地区先修筑临时道路,以免开挖管沟时破坏路面。

　　(2) 保证通畅。道路应有两个以上进出口,末端应设置回车场地,且尽量避免与铁路交叉,若有交叉,交角应大于30°,最好为直角相交。场内道路干线应采用环形布置,主要道路宜采用双车道,宽度不小于6m;次要道路宜采用单车道,宽度不小于3.5m。

　　(3) 选择合理的路面结构。道路的路面结构,应当根据运输情况和运输工具的类型而定。对永久性道路应先建成混凝土路面基层;场区内的干线和施工机械行驶路线,最好采用碎石级配路面,以利修补。场内支线一般为砂石路。

　　5) 行政与生活临时设施的布置

　　行政与生活临时设施包括办公室、车库、职工休息室、开水房、小卖部、食堂、俱乐部和浴室等。要根据工地施工人数计算其建筑面积。应尽量利用建设单位的生活基地或其他永久性建筑,不足部分另行建造。

　　全工地性行政管理用房宜设在工地入口处,以便对外联系;也可设在工地中间,便于全工地管理。工人用的福利设施应设置在工人较集中的地方,或工人必经之处。生活基地应设在场外,距工地500~1000m为宜。食堂可布置在工地内部或工地与生活区之间。

　　6) 临时水电管网的布置

　　当有可以利用的水源、电源时,可将其先接入工地,再沿主要干道布置干管、主线,然后

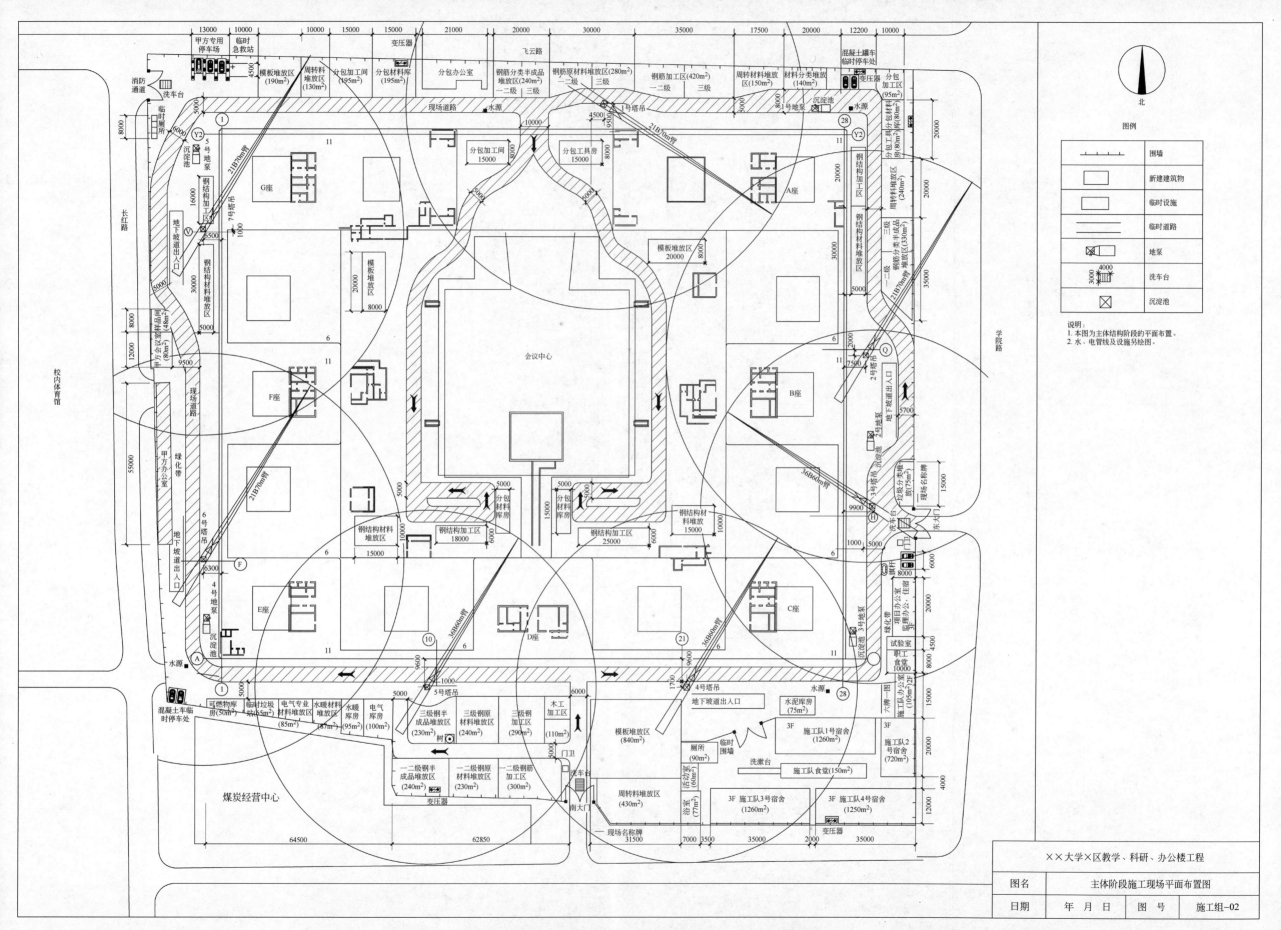

图 5-4 某大学教学、科研、办公楼工程主体结构阶段施工现场平面布置图

与各用户接通。临时总变电站应设置在高压电引入处,不应放在工地中心;临时水池应放在地势较高处。

(1) 供水管网的布置

供水管网应尽量短,布置时应避开拟建工程的位置。水管宜采用暗埋铺设,有冬季施工要求时,应埋设至冰冻线以下。有重型机械或需从路下穿过时,应采取保护措施。高层建筑施工时,应设置水塔或加压泵,以满足水压要求。

根据工程防火要求,应设置足够的消火栓。消火栓一般设置在易燃建筑物、木材、仓库等附近,与建筑物或使用地点的距离不得大于 25m,也不得小于 5m。消火栓管径宜为 100mm,沿路边布置,间距不得大于 120m,每 5000m^2 现场不少于一个,距路边的距离不得大于 2m。

(2) 供电线路的布置

供电线路宜沿路边布置,但距路基边缘不得小于 1m。一般用钢筋混凝土杆或梢径不小于 140mm 的木杆架设,杆距不大于 35m;电杆埋深不小于杆长的 1/10 加 0.6m,回填土应分层夯实。架空线最大弧垂处距地面不小于 4m,跨路时不小于 6m,跨铁路时不小于 7.5m;架空电线距建筑物不小于 6m。在塔吊控制范围内应采用暗埋电缆等方式。

应该指出,上述各设计步骤是互相联系、互相制约的,在进行平面布置设计时应综合考虑、反复修正。当有几种方案时,应进行方案比较、优选。

图 5-4 为某大学教学、科研、办公楼工程主体结构阶段施工总平面图。该工程项目的上部结构由多栋高层建筑形成庭院形式,中心设置单层会议中心,工程量大、复杂,场地狭小。

5.6.5　施工总平面图的绘制要求

施工总平面图的比例一般为 1∶1000 或 1∶2000,绘制时应使用规定的图例或以文字标明。在进行各项布置后,经综合分析比较,调整修改,形成施工总平面图,并作必要的文字说明,标上图例、比例、指北针等。完成的施工总平面图要比例正确,图例规范,字迹端正,线条粗细分明,图面整洁美观。

许多大型建设项目的建设工期很长,随着工程的进展,施工现场的面貌及需求不断改变,因此,应按不同施工阶段分别绘制施工总平面图。

5.7　目标管理计划与技术经济指标

5.7.1　目标管理计划

目标管理计划主要阐述质量、进度、节约、安全、环保等各项目标的要求,建立保证体系,制定所需采取的主要措施。

1. 质量管理计划

建立施工质量管理体系。按照施工部署中确定的施工质量目标要求,以及国家质量评定与验收标准、施工规范和规程的有关要求,找出影响工程质量的关键部位或环节,设置施工质量控制点,制定施工质量保证措施(组织、技术、经济、合同等方面的措施)。

2. 进度保证计划

根据合同工期及工期总体控制计划,分析影响工期的主要因素,建立控制体系,制定保证工期的措施。

3. 施工总成本计划

根据建设项目的计划成本总指标,制定节约费用,控制成本的措施。

4. 安全管理计划

确定安全组织机构,明确安全管理人员及其职责和权限,建立、健全安全管理规章制度(含安全检查、评价和奖励),制定安全技术措施。

5. 文明施工及环境保护管理计划

确定建设项目施工总环保目标和独立交工系统施工环保目标,确定环保组织机构和环保管理人员,明确施工环保事项内容和措施,如现场泥浆、污水和排水的处置,防烟尘和防噪声、防爆破危害、打桩震害,地下旧有管线或文物保护,卫生防疫和绿化工作,现场及周边交通环境保护等。

5.7.2　技术经济指标

为了考核施工组织总设计的编制质量以及将产生的效果,应计算下列技术经济指标:

1. 施工工期

施工工期是指建设项目从施工准备到竣工投产使用的持续时间。应计算的相关指标有:

1)施工准备期,是指从施工准备开始到主要项目开工为止的全部时间;

2)部分投产期,是指从主要项目开工到第一批项目投产使用的全部时间;

3)单位工程工期,是指建设项目中各单位工程从开工到竣工的全部时间。

2. 劳动生产率

1)全员劳动生产率(元/(人·年));

2)单位用工(工日/m² 竣工面积);

3)劳动力不均衡系数:

$$劳动力不均衡系数 = \frac{施工期高峰人数}{施工期平均人数}$$

3. 工程质量

说明合同要求的质量等级和施工组织设计预期达到的质量等级。

4. 降低成本

(1)降低成本额:

$$降低成本额 = 承包成本 - 计划成本$$

(2)降低成本率:

$$降低成本率 = \frac{降低成本额}{承包成本额}$$

5. 安全指标

以发生的安全事故频率控制数表示。

6. 机械指标

（1）机械化程度：

$$机械化程度 = \frac{机械化施工完成的工作量}{总工作量}$$

（2）施工机械完好率；

（3）施工机械利用率。

7. 预制化施工水平

$$预制化施工程度 = \frac{在工厂及现场预制的工作量}{总工作量}$$

8. 临时工程

（1）临时工程投资比例：

$$临时工程投资比例 = \frac{全部临时工程投资}{建安工程总值}$$

（2）临时工程费用比例：

$$临时工程费用比例 = \frac{临时工程投资 - 回收费 + 租用费}{建安工程总值}$$

9. 节约成效

分别计算节约钢材、木材、水泥三大材节约的百分比，节水情况，节电情况。

习题

1. 试述施工组织总设计的内容。
2. 施工组织总设计中，施工部署、总进度计划、总平面图三者的编制顺序如何？
3. 试述在确定项目展开程序时应优先安排的项目，以确保按期交付使用。
4. 施工部署的内容有哪些？
5. 在确定各项目展开程序时，一般应遵循的原则有哪些？
6. 施工组织总设计中，主要项目施工方案的内容包括哪些方面？
7. 施工总进度计划的编制步骤有哪些？
8. 确定各单位工程的开竣工时间和相互搭接关系时，应考虑的主要因素包括哪些？
9. 施工组织总设计中，资源配置计划主要包括哪些方面？
10. 在计算施工现场临时用水量时，可将消防用水量作为总用水量的条件是什么？
11. 试述施工总平面图设计的原则与步骤。
12. 在规划临时道路时，如何节约费用？
13. 为了满足防火要求，现场平面布置应注意哪些问题？

第 **6** 章

课 程 实 训

6.1 流水施工的组织

1. 工程情况

某建设工程由三幢框架结构办公楼组成,每幢为一个施工段,施工过程划分为基础工程、主体结构工程、屋面工程、室内装修工程和室外装修工程 5 项。每幢楼的基础工程持续时间均为 4 周,主体结构工程的持续时间均为 8 周,屋面工程的持续时间均为 4 周,室内装修工程的持续时间均为 8 周,室外装修工程的持续时间均为 4 周。

2. 需完成的训练任务

1) 为加快施工进度,在各项资源供应能够满足的条件下,可以按何种方式组织流水施工? 试确定该流水施工的工期并绘制流水进度表。

2) 如果资源供应受到限制,每个阶段只能组织一个施工队,该工程应按何种方式组织流水施工? 试确定该流水施工的工期并绘制流水进度表。

3. 参考解法

1) 流水节拍满足成倍节拍流水施工要求,为加快施工进度,可以按成倍节拍流水施工方式组织施工。

(1) 划分施工段:由题知施工过程数 $n=5$,施工段数 $m=3$;

(2) 确定流水步距:取流水步距为 $K=4$ 周;

(3) 确定各施工队数目:

$b_1 = t_1/K = 4/4 = 1$(基础工程),

$b_2 = t_2/K = 8/4 = 2$(主体结构工程),

$b_3 = t_3/K = 4/4 = 1$(屋面工程),

$b_4 = t_4/K = 8/4 = 2$(室内装修工程),

$b_5 = t_5/K = 4/4 = 1$(室外装修工程);

（4）流水施工工期：

$$T = (m + \sum b_i - 1)K = (3 + 7 - 1) \times 4 \text{ 周} = 36 \text{ 周}$$

（5）绘制施工进度表：流水施工进度表见图 6-1。

施工过程	施工队	施工进度/周								
		4	8	12	16	20	24	28	32	36
基础工程	1	1	2	3						
主体结构工程	1			1		3				
	2				2					
屋面工程	1				1	2	3			
室内装修工程	1						1		3	
	2							2		
室外装修工程	1							1	2	3

图 6-1 组织成倍节拍流水的施工进度表

2）如果资源供应受到限制，每个阶段只能组织一个施工队，则该工程应按分别流水法组织施工。

（1）计算流水步距

① 基础工程与主体结构工程之间：

```
      4    8    12
  —        8    16    24
差值  4    0   −4   −24        可知 K₁,₂=4 周
```

差值 $4 \quad 0 \quad -4 \quad -24$　　　可知 $K_{1,2} = 4$ 周

② 主体结构工程与屋面工程之间：

```
       8    16    24
  —         4    8    12
差值   8    12    16   −12
```

差值 $8 \quad 12 \quad 16 \quad -12$　　　可知 $K_{2,3} = 16$ 周

③ 屋面工程与室内装修工程之间：

```
      4    8    12
  —        8    16    24
差值  4    0   −4   −24
```

差值 $4 \quad 0 \quad -4 \quad -24$　　　可知 $K_{3,4} = 4$ 周

④ 室内装修工程与室外装修工程之间：

```
       8    16    24
  —         4    8    12
差值   8    12    16   −12
```

差值 $8 \quad 12 \quad 16 \quad -12$　　　可知 $K_{3,4} = 16$ 周

（2）计算流水施工工期

$$T = \sum K + \sum t_N = [(4 + 16 + 4 + 16) + (4 \times 3)] \text{ 周} = 52 \text{ 周}$$

（3）绘制流水施工进度表，见图 6-2。

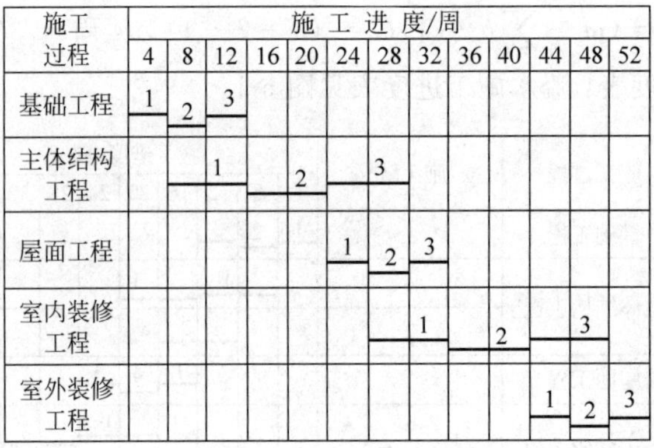

施工过程	施工进度/周												
	4	8	12	16	20	24	28	32	36	40	44	48	52
基础工程	1	2	3										
主体结构工程			1		2		3						
屋面工程							1	2	3				
室内装修工程								1		2		3	
室外装修工程											1	2	3

图 6-2　组织分别流水的施工进度表

6.2　网络计划技术应用

请按照下述工程情况和要求编制一个完整的网络计划。

1. 工程情况

有 3 栋两层砖混结构住宅,拟采取栋号间分层流水施工。已知其施工顺序及持续时间,试绘制双代号网络图,并计算时间参数,找出关键线路。

(1) 基础工程(每栋):

挖槽(2 天)→浇垫层混凝土(1 天)→砌砖基础(3 天)→地圈梁施工(2 天)→回填土及暖沟施工(2 天)。

(2) 主体结构工程(每栋的每层):

扎构造柱筋、砌墙及搭脚手架(3 天)→构造柱支模、浇混凝土(1 天)→安楼板、阳台、圈梁模板(1 天)→扎圈梁、楼板、阳台钢筋→浇圈梁、楼板、阳台混凝土(1 天)→(二层同前,但阳台改为雨棚)→养护(7 天)→拆模(0.5 天)。

(3) 屋面工程(每栋):

铺保温层(2 天)→抹找平层(1 天)→养护、干燥(10 天)→铺贴防水层(2 天)。

(4) 外装饰工程(每栋):

门窗框安装(1 天)→外墙抹灰(3 天)→养护及干燥(8 天)→喷涂料及拆脚手架(2 天)→做勒脚、台阶、散水(2 天)。

(5) 内装饰工程(每栋每层):

浇地面垫层混凝土(仅首层,1 天)→砌隔墙→室内墙面抹灰(3 天)→楼面、地面铺地砖(2 天)→养护(5 天)→安门窗扇(1 天)→顶棚、墙面腻子涂料(5 天)。

2. 要求

(1) 逻辑关系正确,注意各分部工程间的联系;

(2) 符合绘图规则,注意交叉、换行方法;

（3）要考虑水、电、暖、卫、气设备安装与土建的关系；

（4）有条件者可再用"梦龙项目计划管理软件"编制时标网络计划。

3．参考资料

《工程网络计划技术规程》、《施工组织与计划》、施工组织教材等。

6.3　编制单位工程施工组织设计

试编制如下工程的施工组织设计。

6.3.1　设计条件

1．工程建设及设计概况

一栋 6 层办公楼工程位于某市郊区，平面形状与尺寸见图 6-6。室内外高差为 0.7m。结构为现浇钢筋混凝土框架。进深、开间尺寸及高度见图 6-3、图 6-4、图 6-5；柱截面尺寸为 600mm×600mm，混凝土为 C40；梁截面尺寸为 600mm×300mm，板厚 150mm，梁、板混凝土均为 C30。楼梯为现浇钢筋混凝土板式楼梯，混凝土同梁板。柱基础为台阶式独立基础（见图 6-6），基础及地梁均为 C25 混凝土。梁、柱、基础及地梁主筋为 HRB400 级、直径 22～28mm，板钢筋为 HRB400 级、直径 12～16mm，其他钢筋均为 HPB300 级、直径 6～10mm。地梁上的墙基为烧结页岩砖砌筑，砂浆为 M10 水泥砂浆。

外墙及隔墙均为 200mm 厚的陶粒混凝土空心砌块砌筑，门窗洞口处设置现浇钢筋混凝土柱及现浇过梁，并在窗台高度处及过梁高度处设置现浇钢筋混凝土带。

屋面坡度为 2%，采用 1:8 水泥粉煤灰页岩陶粒轻骨料混凝土找坡，上面干铺 200mm 厚加气混凝土砌块保温层，再抹 20mm 厚水泥砂浆找平层，防水层采用 SBS 改性沥青防水卷材，喷刷涂料保护层。

装饰部分：楼面为 600mm×600mm 地砖楼面；地面为 3:7 灰土夯实后浇筑 C15 混凝土垫层，面层亦为地砖。内墙为混合砂浆普通抹灰，表面为内墙涂料墙面和调和漆墙裙。外墙为水泥砂浆抹灰，涂料面层。散水为 800mm 宽 50mm 厚的豆石混凝土随打随抹。窗为推拉式铝合金中空玻璃窗，门为夹板木门。

2．场地、地质及气候条件

施工场地地势平坦，无地上、地下障碍物。自然地面标高为 −0.7m。地下水位在 −3.0m 以下，地表土层为 1～1.2m 厚房渣土，以下为粉土。一年中 7、8 月份为雨季，11 月中至次年 3 月中为冬施阶段，最低气温（平均）−10℃，最大冻层深度 0.8m；年最大降水量为 630mm；主导风向：冬、春、秋 3 季为西北，夏季为西南，最大风力 8 级。

3．施工工期要求

该工程合同工期为 8 个月（每月按 25～28 个工作日安排），开工日期可自定。

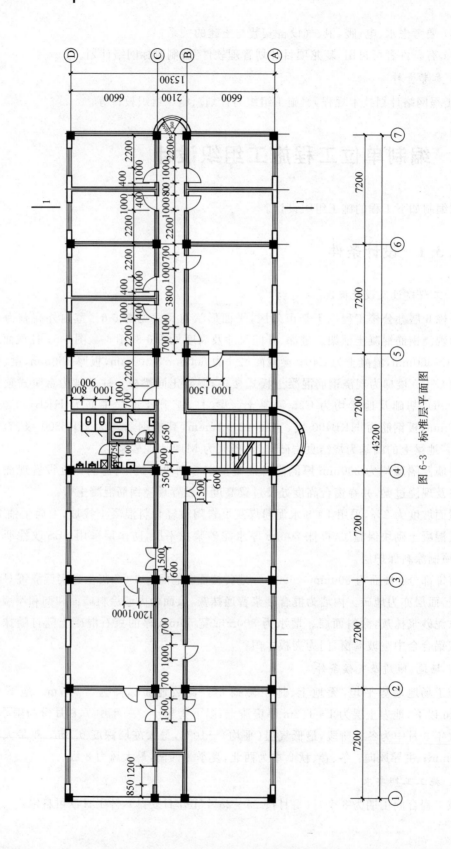

图 6-3 标准层平面图

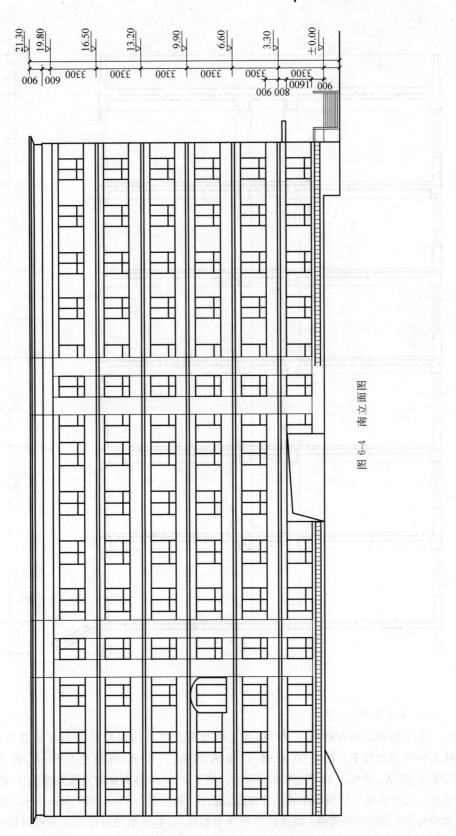

图 6-4　南立面图

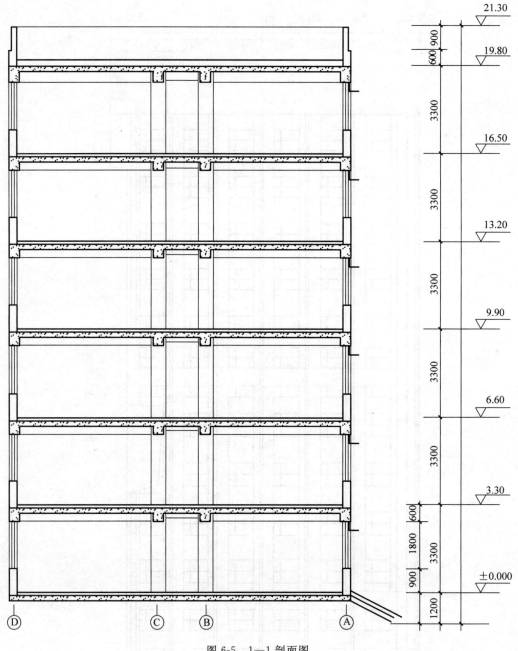

图 6-5 1—1 剖面图

4. 施工条件

本工程所需的各种构件、材料、加工品及施工机具均可按计划需要量满足供应,可提供各工种劳动力如下:普工 50 人、木工 60 人、钢筋工 45 人、混凝土工 45 人、瓦工 50 人、架子安装工 20 人、防水工 18 人、抹灰工 60 人、油工 35 人。各种临时设施均需施工单位自行解决。楼外每侧可供施工使用场地的尺寸按东、南、西、北分别为 12m、28m、16m、10m,场地外东侧、南侧均有 9m 宽的市政道路;场地内东南角有高压电网,西南角有市政水井可供接引。

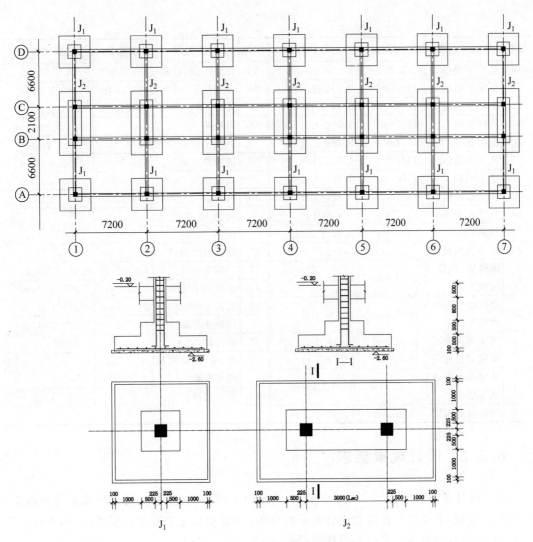

图 6-6　基础平面布置及基础详图

说明：所有基础梁截面尺寸均为 300mm×500mm。

5. 主要施工过程的工程量及劳动定额

主要施工过程的工程量及劳动定额见表 6-1。

表 6-1　主要施工过程的工程量及劳动定额参考表

序号	施工过程	工程量	定额（时间）	序号	施工过程	工程量	定额（时间）
1	定位放线		（1～2 天）	8	支基础梁模	285m²	0.264 工日/m²
2	人工挖基坑	1026m³	0.38 工日/m³	9	扎基础梁钢筋	5.6t	4.9 工日/t
3	打钎、验槽		（1～2 天）	10	浇基础梁砼	40.1m³	1.06 工日/m³
4	浇基础混凝土垫层	36m³	0.827 工日/m³	11	砌基础砖墙	11.84m³	1.183 工日/m³
				12	基础回填土	410m³	0.26 工日/m³
5	扎基础钢筋	20.7t	4.9 工日/t	13	立塔吊		3～4 日/台
6	支基础模板	252m²	0.264 工日/m²	14	搭井架		2～3 天/座
7	浇基础砼	210m³	1.06 工日/m³	15	搭脚手架	4278.24m²	0.066 工日/m²

序号	施工过程	工程量	定额(时间)	序号	施工过程	工程量	定额(时间)
16	扎柱子钢筋	35.6t	4.9 工日/t	33	安装门框、铝窗	446.34m²	0.16 工日/m²
17	支柱子模板	1628m²	0.3 工日/m²	34	外墙抹灰	2642.88m²	0.169 工日/m²
18	浇柱子混凝土	166m³	0.84 工日/m³	35	外墙涂料	2642.88m²	0.042 工日/m²
19	拆柱模板	1628m²	0.098 工日/m²	36	拆塔吊		2~3 天/台
20	支梁底模	654m²	0.498 工日/m²	37	拆脚手架	4278.24m²	0.04 工日/m²
21	扎梁钢筋	42t	4.9 工日/t	38	浇抹散水面层	115.6m²	0.165 工日/m²
22	支梁侧模	1261.36m²	0.398 工日/m²	39	内墙抹灰	7856.86m²	0.153 工日/m²
23	支楼板模板	3855.5m²	0.329 工日/m²	40	打地面灰土垫层	136.49m³	0.811 工日/m³
24	扎楼板钢筋	110.64t	4.9 工日/t	41	浇地面混凝土垫层	64.12m³	1.103 工日/m³
25	浇梁板混凝土	620.4m³	0.90 工日/m³				
26	拆梁板模板	4845.68m²	0.1 工日/m²	42	铺楼地面面砖	5486.28m²	0.306 工日/m²
27	砌外墙(陶粒砌块)	316.8m³	1.086 工日/m³	43	门扇安装	418.36m²	0.16 工日/m²
28	砌内墙(陶粒砌块)	486.6m³	1.086 工日/m³	44	顶墙腻子涂料	8924.61m²	0.095 工日/m²
				45	墙裙油漆	2838.24m²	0.074 工日/m²
29	铺屋面保温层	110.3m³	0.429 工日/m³	46	砌筑女儿墙	26.36m³	1.578 工日/m³
30	铺屋面找坡层	74.28m³	0.809 工日/m³	47	拆井架		2 天/座
31	抹屋面水泥砂浆找平层	646.56m²	0.06 工日/m²	48	水、电、暖管线及设备安装		
32	铺卷材防水层	1180.6m²	0.066 工日/m²	49	其他工程		

6.3.2　设计成果要求

(1)设计说明书一份(4000～6000字)。其中工程概况、流水段划分及流水方向确定,柱、梁、板支模,起重机计算等均应有必要的简图;必须有施工方案选择的理由、起重机计算的过程、进度计划安排及平面图设计的说明。

(2)施工进度计划表(或网络计划图)一张(不小于2号图纸)。

(3)施工现场平面布置图一张(2号图纸)。

6.3.3　参考资料

《建筑工程施工组织设计实例应用手册》、《建筑施工手册》、《混凝土结构工程施工规范》、《砌体工程施工质量验收规范》,以及施工技术、施工组织教材等。

第 **7** 章

求职面试典型问题应对

求职的一个重要环节是面试,是就业的第一关。面试成绩的优劣是能否被录用的主要标准。本章力图通过对一些典型问题的示例与提示,在加深对本门课程的理解和消化的基础上,能够较好地应对求职面试,过好就业第一关。

7.1 问答示例

1. 建筑工程施工有哪几步程序?

答:按其先后顺序可分为以下 6 步程序:

(1) 承接施工任务,签订施工合同;

(2) 调查研究,做好施工规划;

(3) 落实施工准备,提出开工报告;

(4) 全面施工,加强管理;

(5) 竣工验收,交付使用;

(6) 保修回访,总结经验。

2. 组织施工时需注意哪几个方面的问题?

答:(1) 严格按照设计图纸和施工组织设计进行施工;

(2) 搞好协调配合,及时解决现场出现的矛盾,做好调度工作;

(3) 把握施工进度,做好施工进度的控制与调整,确保施工工期;

(4) 采取有效的质量管理手段和保证质量措施,执行各项质检制度,确保工程质量;

(5) 做好材料供应工作,执行材料进场检验、保管、限额领料制度;

(6) 做好技术档案工作,按规定管理好图纸及洽商变更、检验记录、材料合格证等有关技术资料;

(7) 做好成品的保养和保护工作,防止成品的丢失、污染和损坏;

(8) 加强施工现场平面图管理,及时清理场地,强化文明施工,保证道路畅通;

(9) 控制工地安全,做好消防工作。

3. 施工前需做哪些准备工作?

答:(1) 技术准备。熟悉与审查施工图纸、原始资料调查分析、编制施工预算、编制施工组织设计。

(2) 物资准备。建筑材料的准备、构(配)件和制品的加工准备、建筑安装机具的准备和生产工艺设备的准备。

(3) 劳动组织准备。建立施工项目领导机构,建立精干的施工队组,集结施工力量,组织劳动力进场,向施工队组、工人进行计划与技术交底,建立、健全各项管理制度。

(4) 施工现场准备。做好施工场地的控制网测量,搞好"三通一平",做好施工现场的补充勘探,建造临时设施,组织施工机具进场,组织建筑材料进场,提出建筑材料的试验、试制申请计划,做好新技术项目的试制、试验和人员培训,做好季节性施工准备。

(5) 施工场外准备。材料设备的加工和订货,施工机具租赁或订购,做好分包工作,向主管部门提交开工申请报告。

4. 请叙述一下施工组织设计的作用。

答:施工组织设计分为投标前编制的"投标施工组织设计"和签订工程承包合同后编制的"实施性施工组织设计"。投标施工组织设计的主要作用是指导工程投标与签订工程承包合同,并作为投标书的一项重要内容(技术标)和合同文件的一部分。实施性施工组织设计的主要作用是指导施工前的准备工作和工程施工全过程的进行,并作为项目管理的规划性文件,提出工程施工中进度控制、质量控制、成本控制、安全控制、现场管理、各项生产要素管理的目标及技术组织措施,提高综合效益。

5. 实施性施工组织设计有哪几种类型? 一般包括哪些主要内容?

答:按针对的工程对象,可分为施工组织总设计、单位工程施工组织设计、施工方案三种类型。在各种施工组织设计中,一般都包括以下几项主要内容:施工部署、施工方案或方法、施工进度计划、现场平面布置等。

7.2 求职面试时可能遇到的典型问题

按示例的方式,学生自作答案,以备面试。

1. 各种施工组织设计分别针对哪些工程对象?

2. 组织施工的方式有哪几种?

3. 流水施工有哪几种基本组织方法?

4. 如何划分流水施工段(即分段应遵循哪些原则)?

5. 试述流水节拍、流水步距的定义。

6. 网络计划较横道图计划的主要优点是什么?

7. 网络计划中关键线路是什么概念? 如何找出?

8. 试述总时差、自由时差的概念。

9. 时标网络计划的突出特点是什么? 参数及关键工作如何判定?

10. 网络计划优化一般包括哪几个方面?

11. 你了解哪些施工项目计划管理软件?

12. 单位工程施工组织设计的内容有哪些?

13. 对一般房屋建筑工程,确定其施工展开程序常遵循的原则是什么?

14. 试述全现浇筑框架结构办公楼在主体结构阶段的施工顺序。

15. 试述全现浇筑剪力墙结构住宅楼在主体结构阶段的施工顺序。

16. 选择施工方法或施工机械时,应遵循什么原则?

17. 简述编制单位工程施工进度计划的步骤。

18. 施工平面图的设计原则和内容有哪些?

参 考 文 献

[1] 丛培经. 建设工程施工网络计划技术[M]. 北京：中国电力出版社，2011.

[2] 曹吉鸣. 工程施工组织与管理[M]. 上海：同济大学出版社，2011.

[3] 穆静波，孙震. 土木工程施工[M]. 北京：中国建筑工业出版社，2009.

[4] 穆静波. 土木工程施组织[M]. 上海：同济大学出版社，2009.

[5] 彭圣浩. 建筑工程施工组织设计实例应用手册[M]. 3版. 北京：中国建筑工业出版社，2008.

[6] 张可文. 施工新技术典型案例与分析[M]. 北京：机械工业出版社，2011.

[7] 穆静波，王亮. 建筑施工——多媒体辅助教材[M]. 2版. 北京：中国建筑工业出版社，2012.

[8] 穆静波. 土木工程施工习题集[M]. 北京：中国建筑工业出版社，2007.